# 走一起去肯尼亚

苏菲 著

广州新华出版发行集团
广州出版社

图书在版编目（CIP）数据

走，一起去肯尼亚 / 苏菲著. — 广州 : 广州出版社, 2019.8

ISBN 978-7-5462-2948-5

Ⅰ. ①走… Ⅱ. ①苏… Ⅲ. ①动物－迁徙－肯尼亚－儿童读物 Ⅳ. ①Q958.13-49

中国版本图书馆CIP数据核字（2019）第157989号

书　　名　走，一起去肯尼亚
　　　　　ZOU YIQI QU KENNIYA
出版发行　广州出版社
　　　　　（地址：广州市天河区天润路87号广建大厦9楼、10楼　邮政编码：510635
　　　　　网址：www.gzcbs.com.cn）
责任编辑　刘宗贵　卢嘉茜　王芷君
文字编辑　梁惠明
责任校对　李少芳　黄焕姗
美术设计　陈　翚
印刷单位　广州市赢彩彩印有限公司
　　　　　（地址：广州市白云区嘉禾街鹤边鹤泰东路工业区C栋　邮政编码：510440）
规　　格　787mm×1092mm　16开
字　　数　170千
印　　张　13.75
版　　次　2019年8月第1版
印　　次　2019年8月第1次
书　　号　ISBN 978-7-5462-2948-5
定　　价　48.00元

# 序 写在说故事之前

扫一扫，发现精彩视频

六点半，傍晚。

远离了城市里的人来人往、车水马龙，我双手交叠放在脑后，躺在一眼看不到尽头的非洲大草原上，尽情地享受着夕阳落下时映红了半边天的惊艳，这是这片狂野的草原上，最迷人的时刻。

气温随着天色的变暗越来越低，动物们开始准备它们的晚餐。斑马在草地上闲逛着，偶尔拿尾巴驱赶一下烦人的蚊子，长颈鹿迈着优雅的步子犹如绅士一般在湖边饮水，夕阳的余晖洒在它们的身上，勾勒出一个个或动或静的身影。如伞一般的、造型奇特的合欢树孤独却又骄傲地伫立在这片辽阔的草原上，像是在跟你说，欢迎来到非洲！

画外音(低沉浑厚的男中音)：这，便是神奇而狂野的非洲大陆！

嗯，是的，身为人母的我，从小便被《动物世界》种下了这份关于非洲大草原的毒。天天穿梭在忙碌的大都市里，埋头在各种文件里，习惯了朝九晚五，可我最想去体验的，却是儿时在《动物世界》里看到的那个原始却又充满了生命力的世界，想带着我的女儿，去完成我小时候的梦想，去感受大自然的宏伟与壮观，去体会动物的本能及其生老病死、喜怒哀乐，领略其中的震撼时刻。

细细想来，当初头脑一热确定了肯尼亚这个暑期亲子目的地，唯一的原因就是那些动物，呃……好像又不全是，更多的在于骨子里头爱自由的那些基因。

爱旅行的人，对所有自由的元素都有一种慢性中毒一般的纠缠不清的情结。

对无边的旷野、星空有着与生俱来的亲近感！

在那之前我还在一家世界五百强之一的企业里上班，如同陀螺一般的忙碌，日复一日地接听来自客户的电话，开着总也开不完的会议，处理着生活中零碎的却又不得不处理的琐事……而一直支撑着我的是大女儿晚上写作业时昏黄的灯光，是小女儿躺在襁褓中冲着我咧开嘴的笑容……

直到有一天……，我辞职了……

辞职的原因，说复杂，很复杂，说简单，也很简单，套用时下很流行的一句话，那便是“世界这么大，我想去看看。”

“生活不止眼前的苟且，还有诗和远方。”——这是我发在微信朋友圈和公众号里的一句话。我想带孩子去非洲，去肯尼亚看动物，却没想到无心插柳柳成荫，招来了一大群同行者，我们讨论得热火朝天，仿佛第二天，就能飞到那无边无际的非洲大草原上。

我们小时候做过很多梦，却因为种种现实原因止步了，可如今，我们有条件去给自己的孩子创造梦，在我们想做、有能力做的时候，带着孩子，去圆梦。习惯于亲子旅行的人，没有那么多为什么，没有那么多关于安不安全的讨论。

带着孩子出发，是一种自然而然的做法，这不仅仅出于责任，我想，也是源于我的生活态度！

最后，同行的一共有十一个家庭其中包括十三个孩子。浩浩荡荡的一大群人坐上了肯尼亚航空从广州直飞内罗毕的飞机，向肯尼亚进军。

在超过十个小时的飞行后，我摘下眼罩的时候，还有些恍惚。

一想到将要踏上向往多年的非洲大陆，那样狂野又奔放的土地，那样强烈的不真实感，让我暂时抛开了疲劳，轻得只剩下思绪……

# 目录


Chapter 1 我的行囊 1

Chapter 2 关于东非大草原，你不得不知道的事情 13

Chapter 3 初识肯尼亚 27

Chapter 4 内罗毕，你与长颈鹿舌吻过吗？ 37

Chapter 5 肯尼亚山，赤道上的动物孤儿院 53

Chapter 6 也许，你听说过最后一头雄性北方白犀牛？ 81

Chapter 7 纳库鲁，一场长颈鹿的葬礼 97

Chapter 8 初入马赛马拉，这里到底谁说了算？ 121

Chapter 9 马赛马拉，关于生命的那些镜头 137

Chapter 10 八个老婆和两百多个孙子的故事 167

Chapter 11 飞越马赛马拉的热气球 183

Chapter 12 泛舟湖上的尾声 195

玩转肯尼亚攻略 205

# Chapter 1 我的行囊

每一次带着孩子出门，背包总是沉甸甸的。

打包在行囊里的，除了各种出行必需品之外，还有一家老小的珍爱、信任与担心。

非洲这个地方，在老一辈人的眼里，代表着狂野与不安全。好吧，我承认，自从宣布要带孩子去非洲，家里几个老人家的唾沫星子差点就要把我给淹没了——自己任性就好了，还要带着孩子一起疯，真是没救了！

家庭会议开了几次，但最终还是以我的坚持为结局。不过，我的行囊就真的变得沉甸甸的了！

# 一、我准备的东西

### • 证件与钱

去非洲，除了护照、签证之外，还要准备“小黄本”（“疫苗接种或预防措施国际证书”）。

将护照、签证、“小黄本”、机票、国际旅游保险、驾照（万一有机会可以驰骋在非洲大陆呢？）和两张证件照，都放进一个护照夹里，最好再夹上一支笔。这样，所有的证件就齐全啦！

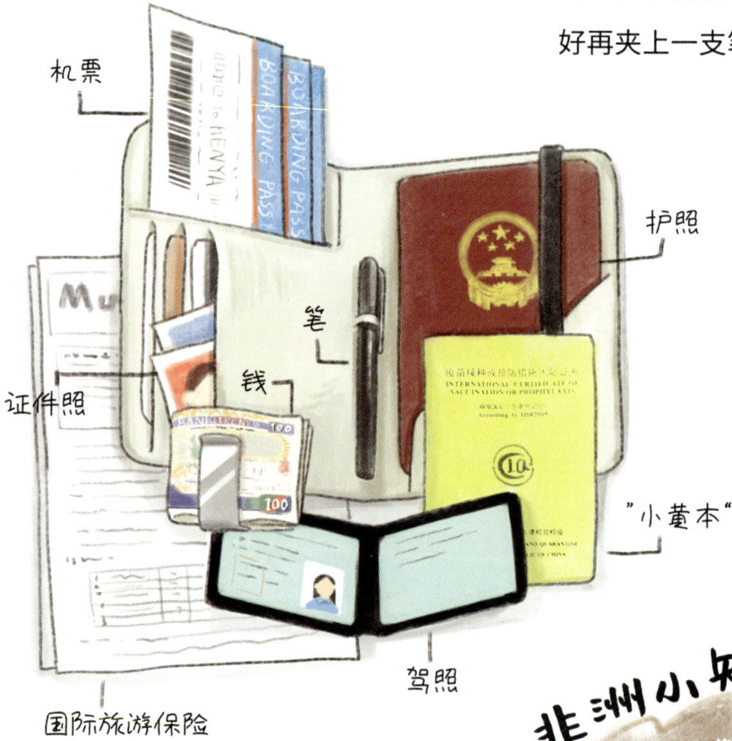

**非洲小知识：**

“小黄本”是什么？

“小黄本”是“疫苗接种或预防措施国际证书”，用于记录持证者的疫苗接种情况，非洲与南美洲的许多国家都要求入境者必须提供本文件。

中国游客去肯尼亚，需要提前15天到当地卫生检疫部门注射黄热病疫苗，领取“小黄本”。这是为了避免游客将黄热病毒带入肯尼亚，实际上也是为了保护其他健康的游客！

## • 电子设备

作为一个现代人，没有手机和网络，仿佛就活不下去了。

所以，手机、电脑或 iPad、充电器、充电宝、国际电源转换插座、境外 Wi-fi 发射器等，一个都不能少！

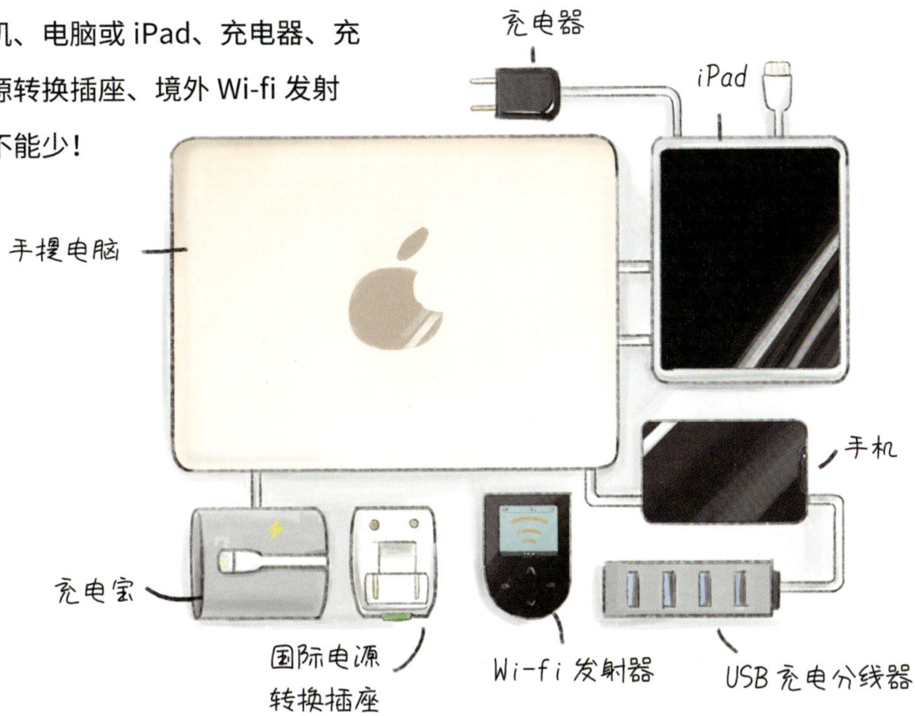


## • 会用到的 app

出国旅行，以下这几个 app 不能少。

地图、翻译、机票酒店预定、星空，还有孩子也能用上的听故事软件和画画软件！

## • 一个大行李箱和各种收纳包包

一个 28 寸的行李箱，实在是太大了，东西扔到里面不好找。用收纳袋把各种物品分类收纳，可以避免旅途中因找不到东西而抓狂！

- **摄影器材**

非洲这么远，去一趟怎么能不拍些美美的照片呢？

随着科技的发展，现在每一次出门，器材是越带越多：相机、镜头、脚架、GoPro、稳定器、航拍器（这俩最后一次也没用上)、电脑、读卡器……哦，对了，为了观看动物和星空，这次还专门给孩子配了望远镜！

就算是个女汉子，每次出门背着超过十公斤的器材，也是一件头疼的事情！唉，我在摄影民工的路上越走越远！

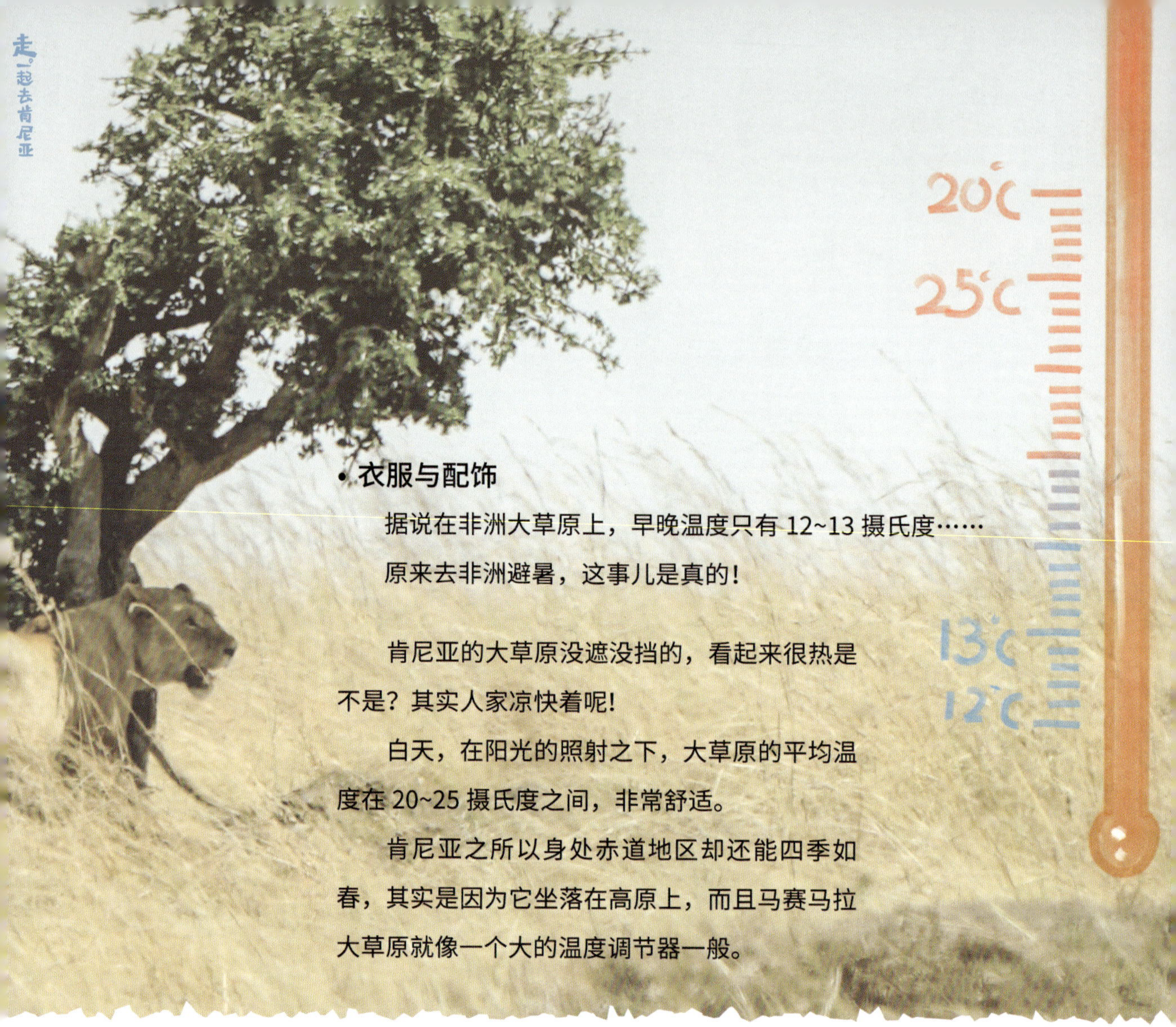


• **衣服与配饰**

据说在非洲大草原上，早晚温度只有 12~13 摄氏度……

原来去非洲避暑，这事儿是真的！

肯尼亚的大草原没遮没挡的，看起来很热是不是？其实人家凉快着呢！

白天，在阳光的照射之下，大草原的平均温度在 20~25 摄氏度之间，非常舒适。

肯尼亚之所以身处赤道地区却还能四季如春，其实是因为它坐落在高原上，而且马赛马拉大草原就像一个大的温度调节器一般。

当然，中午艳阳高照时，确实会有一点点热，但是早上和晚上就凉快舒服多啦！所以狮子们白天大多是躲在树荫下乘凉不出来捕食的。

**非洲小知识：**

肯尼亚的气候

肯尼亚位于热带季风区，沿海地区湿热，高原气候温和。草原上全年最高气温为 22~26 摄氏度，最低气温 10~14 摄氏度。

肯尼亚中部肯尼亚山海拔较高，早晚气温更低。肯尼亚昼夜温差较大，要注意防寒保暖，以免感冒。

给大家推荐一件御寒神器——薄羽绒，又轻便又不占地方，早晚冷的时候穿上绝对御寒。特别是你有看星空或坐热气球看日出的计划，带上它你一定会感谢自己的英明决定！

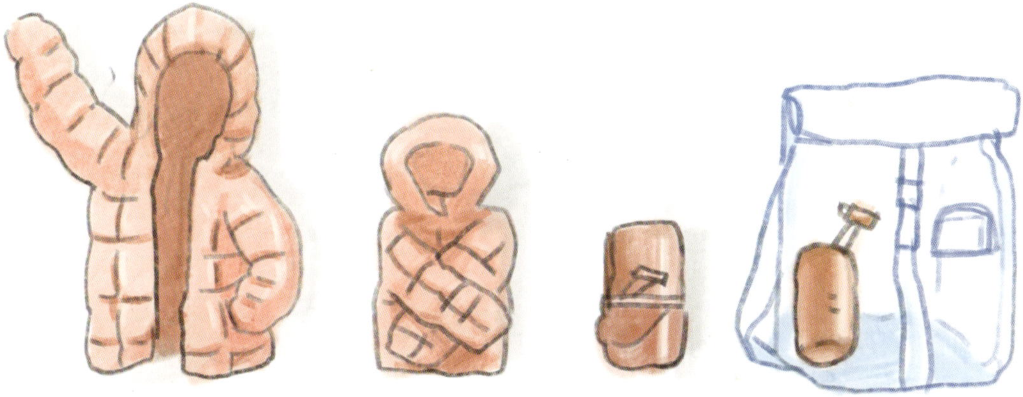

当然，为了照相美美的，几身抢眼的亲子装是必需的。记得准备哦！

- **洗漱用品**

外国的酒店出于环保原因，大多不提供个人洗漱用品，所以记得要带牙膏、牙刷和拖鞋！

除了这些日常用品之外，防晒也不能少！别看大草原温度不高，紫外线还是很强的。

防晒油、晒后修复的芦荟胶，还有保证你皮肤每天都水灵灵的补水面膜，统统都收进你的包包里吧！太阳镜、太阳帽也别忘了哦！

防晒油

芦荟胶

补水面膜

- **一本中英文对照的东非动物手册**

每一种动物的名称下面还有配图，确保不会发生以下场景：孩子在大草原上看到一只新奇的动物，然后指着它问妈妈。

孩子：“妈妈，那是什么动物？”

我：“……”（回答不了）

什么？你问我这本手册在哪里买？

这没得卖啊，我自己画的……

## 二、给孩子准备的东西

我们家姑娘菡菡，每次出门，自己的东西自己收拾。

一个小行李箱，一个小背包，她的所有东西都在这里了。我和她一起列了一个清单，每个条目前面都画好打勾用的小方格，这样就能确保不会落下东西啦！

✓ **9天行程需要的衣物、鞋袜**

✓ **兔子娃娃**

陪着孩子长大，睡觉也要抱着的一只兔子娃娃。

✓ **肯尼亚地图一张**

根据每天的行程将所到的地方记录下来，连成路线。

✓ **素描本一本＋彩色铅笔**

每天以画画的形式把当天遇到的新鲜有趣的事情记录下来，回家以后再一起翻看，这就是最初的旅行手账了啊！

✓ **彩色贴纸、小文具**

带了好多，旅途中可以跟其他小朋友一起玩。

✓ **嗯，还有女儿的暑假作业！**

## 三、家里老人家硬塞给我的（事实证明有些还是必需的）

临走时我的行囊里被塞进了一个估计有一公斤重的药包。

带上这个巨大的“炸药包”，我感觉我就像要去非洲大草原上行医的赤脚郎中了！去开个中医诊所吧，应该会有生意的！

**创可贴**

一盒大人用的，一盒有卡通图案的给小孩用的。嗯，感觉贴满全身也足够！

**眼药水**

也是一支给大人用的，一支给小孩用的！

**感冒药、消炎共药四盒**

这是要当饭吃吗？

**治肚子疼、水土不服的药**

“外面的水不能随便喝啊！一定要买瓶装水啊！”

“好啦好啦，记得啦！”

**防蚊水、防蚊贴、驱蚊带**

多管齐下，蚊子兄弟，总有一款能够制服你！

**风油精**

老妈说这是个好东西，一块钱一小盒，自己用也好，送给非洲兄弟也好，有中国特色！

**酒精、绷带和棉签**

**云南白药喷雾和药膏**

**治疗我女儿鼻炎的通鼻喷**

非洲草原空气清新，因为雾霾而引起的鼻炎根本就不可能会发作啊！

**小儿七星茶**

“万一，孩子到那里胃口不好呢？”

好在，背上这个“爱心牌”药包，属于我和女儿的新旅程就在前方啦！

出发吧，我的小宝贝！

当你在草原上闲逛时，
突然，一只怒吼的狮子向你迎面扑来，
A. 躺在地上屏息，装死
B. 扭头就跑

# Chapter 2
# 关于东非大草原，你不得不知道的事情

在回答这个问题之前，我先给大家说个故事。

曾经有一头母狮子，离我最近时与我只隔着一层薄薄的车门……

发现她的时候，她就卧在离我二十米之外的草地上，正享受着宁静的午休。

也许是围观的人类气味越来越浓，惹得她不耐烦地翻了个身，爬了起来！身子不偏不倚地正对着我。

我的朋友们感觉到了这位“土著”对人类的威胁，不约而同地驾驶着吉普车围着她，绕了半个圈。可显然，母狮子丝毫不把人类张牙舞爪般的示威放在眼里，她雄赳赳、气昂昂地站在原地，气场盖过了所有的人类。

我屏住呼吸，目瞪口呆，一动不动的，时间就好像定格在这样的对峙中，直到……威武将军四下张望一番，竟然步履慵懒地朝着我走了过来！

我想，虽然我们将“木头人”这个游戏进行得很好，但好像，这位“土著”对我们还是很不满呐。

二十米、十米、五米……我就这样目不转睛地看着她向我逐步逼近，直到……它与我之间仅仅只有一扇薄薄的车门之隔。

你可能不知道，当时的我可是正举着相机在摄像，车窗大敞，半个身子都探在车窗外，最令人毛骨悚然的是我竟然和她对视了！

她的眼睛很黑、很亮，好像是非洲大陆上最璀璨的星星。

这是我和她对视之后，脑海里唯一的想法。

听到这，你不必暗自佩服我的胆识。说实话，我并不是真的如此大胆。

我只记得当时紧张得手心直出汗，身体僵硬得想躲却挪不动，就连目光也不敢四处游离，唯有我那端着相机微微发抖的手还悬在窗外不舍得收回来。

而其实，这头母狮的目标并不是我。她一觉睡醒，第一眼看到的是如同黑云压境般的围观者们，挡住了她看到爱人——哦，不，是爱狮的视线。

她视若无睹地穿过我们的吉普车队，慢悠悠地挪到了雄狮的身边，懒懒地躺下，尾巴一晃一晃的，如同回到了港湾。她似乎想通过小鸟依人般的举动，向众人宣告，这可是我的狮！

雄狮温情脉脉地回应了一下自己的爱妻，他用下巴轻轻地蹭蹭母狮，与它互相嗅嗅，表达亲昵。

然后，这哥们像霸道总裁一般，竟将周围数辆车里的围观群众当做透明人，旁若无人地骑上母狮的屁股，在大庭广众之下秀起了恩爱，撒了好大一波儿狗粮！

爱情呀，从来都不是人类才拥有的奢侈品。

有时候动物的表达，可能更加直接，也更加让人触动！

说完这个故事，我来回答刚才的问题：当你在草原上遇到狮子，你该怎么办？

首先要记住的是：千万别急着逃命！否则，这可能是你这辈子所犯的最后一个错误，因为狮子会像对待其他逃跑的猎物一样把你撕个粉碎！

因此，不如顺应第二个本能反应——用尽全身力气尖叫！当然，这招的成功率大概也不超过30%，这还是在白天的情况下；如果是在晚上，那你还是跑吧！

以上纯属调侃——虽然大概也有一定的可信度。

所以，东非大草原到底安不安全呢？这大概也是爸爸妈妈们问的最多的问题。

安全这个问题，包括几个方面。

当你身处这遍地动物不受栅栏围挡的动物世界当中，如果你担心的安全问题是：动物会否袭击人类？——那您一定是被北京野生动物园的狮子给吓到了。

事实上，草原上的食草动物非常丰富——满地都是行走的食物啊，人家狮子和豹子对人类这种两条腿又难缠的食物才没有兴趣呢！

如果严格遵守草原上的“三不许”要求，遇到动物的时候留在车上，那是绝对安全的。人家动物还害怕身材这么庞大的越野车呢！

其次，如果你担心的问题是人祸，那么就目前来看，东非的几个国家如肯尼亚、坦桑尼亚、马拉维，都是相对来说政局比较稳定的。

特别是肯尼亚，目前可是整个东非经济环境最好的国家，连联合国环境规划署总部都设在了肯尼亚的首都内罗毕。

确实，有媒体报道非洲整体卫生条件和安全问题都不容乐观，但是非洲很大啊，每个国家的情况都不一样。就肯尼亚来说，这里是撒哈拉以南，非洲经济基础最好的国家之一了，也是非洲最和平的国家之一。

安全是一个持久而永恒的话题，但是只要我们遵守草原上的“三不许”，东非大草原，还是很安全的哦。

### 非洲小知识：

联合国在全球设立四大总部，除了纽约、日内瓦、维也纳之外，另一个就是肯尼亚的内罗毕了。

如果你担心的是卫生安全，那我可以负责任地告诉你，东非的度假酒店都是按照欧洲标准来设计和建造的，所以卫生标准也非常高。

其实，东非的旅行条件远比我们想象中要好很多。

实际上，这一趟旅行还挺贵的……

# Chapter 3
# 初识肯尼亚

非洲人相信，如果旅行走得太快太远，灵魂就会被落下，所以要停下来等一等，让灵魂赶上来。

我就说嘛，难怪出发的时候状况百出。飞越了半个地球，十几个小时，估计灵魂没赶上吧！

反正我是这样安慰自己的，所以各种不顺利还是不一一细说了，但还是有些事令人崩溃。我们有一个团友把打印好的签证放进了托运的行李箱，面对如此特殊的状况，黑皮肤的边境官非但没有对我们进行任何刁难，反而热情且客气得让人有些摸不着头脑。

除了有人主动带我们去了一间办公室里面查询签证号码之外（全程嘘寒问暖、笑脸相迎），边境官也并没有为难我们。

做最坏的打算才有最意外的收获。当然，更多的在于，非洲，本来就是一个没有那么多原则性问题的国家。

想想办法，多沟通，“差不多”就能解决啦！其实早给小费，问题解决得更快。大概，飞越了半个地球灵魂有些滞后，我们也是后来才想到给小费。

但是，无论如何，走过那么多的国家，单从边检服务这项来说，肯尼亚绝对可以算是独占鳌头。

这脚刚着非洲大地，我们便收到了来自于肯尼亚旅游局的提醒。我们在肯尼亚的这几天，正巧碰上肯尼亚总统换届选举，所以提醒的内容，无非就是少在市区停留，注意人身、财物安全。

还有就是，哪怕当地人很吸引你，也要忍住不要随便给当地人照相。

非洲小知识：

内罗毕，肯尼亚的首都，也是东非地区最大的城市，人口超过200万。

内罗毕拥有“东非小巴黎”的美誉，每年的春天，满城蓝花楹盛放，是一个美丽而又充满生机的国际化大都市。

同时，联合国内罗毕总部是联合国在非洲的总部，也是联合国唯一设在第三世界国家的办事处级别的机构。

这位精干的女警，原本悠闲地靠在墙边抽烟，帅劲十足，很是潇洒。

我上前去问她："可以给你拍一张照片吗？"我微笑着，尽可能让她感受到我对她并无恶意。

可她还是吓得立马掐了烟放下，扣上警察帽，正襟危坐。

看到她如此反差萌，我乐了。笑着说："我又不是国际记者，别担心！"

鲜艳的色彩，高昂的音调。在非洲遇见的年轻人，笑容像赤道上的阳光一样亮眼，笑声爽朗得像海洋一样极具感染力。

简单的几句话，便可听到好一阵子的哈哈大笑；轻轻的一个快门“咔嚓”，便可认识一个朋友。在非洲，你会觉得人与人之间的交往，就像动物与动物之间的嬉闹那样简单纯粹。

在这里生活，你会体会到钱财乃身外之物，他们所收获的开心与愉快便足以让他们感到满足！此景只应天上有，人间哪得几回闻呢？

在肯尼亚，我们遇到的每个人都因自己的国家洋溢着自豪感。

光着屁股在雨里疯跑打闹的孩子们；

披着传统服装坐在路边卖水果的老人；

还有主动走上来要求合影的年轻人们。

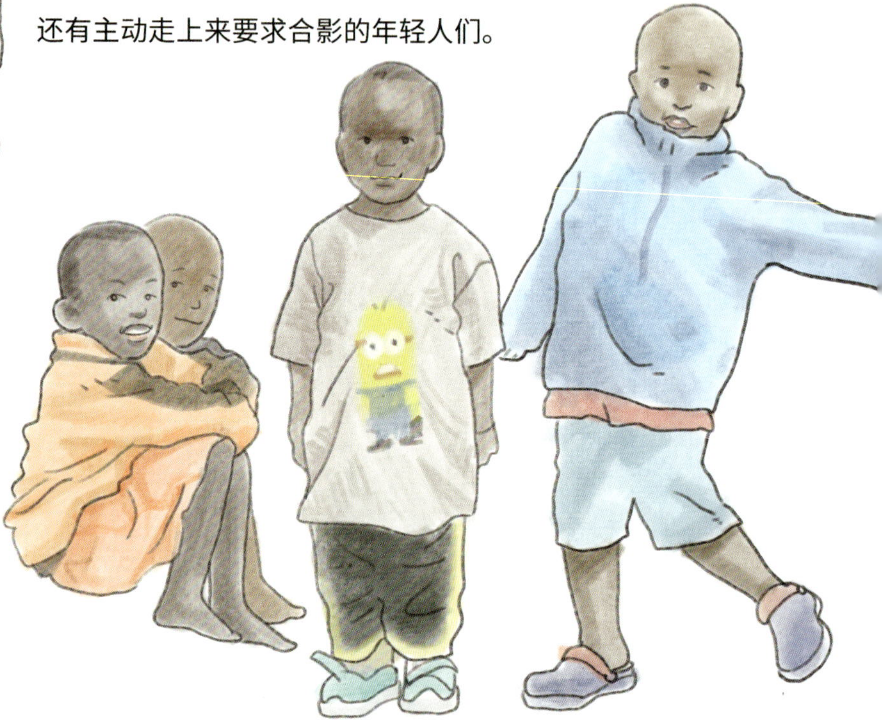

就算偶有在政见上的不太统一，但是他们每个人的脸上都记录着幸福和满足。他们也许在经济上不富裕，没有大把大把的钞票，住不起和我们一样大的房子，吃不到鸡鸭鱼肉类的大餐，却活得比我们大多数人更满足，比我们大多数人更快乐！

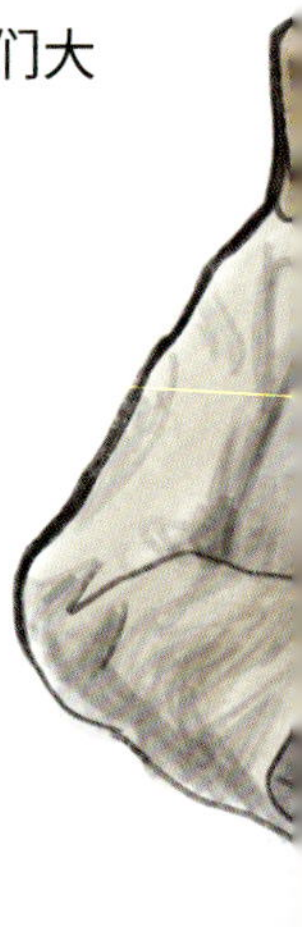

他们用很少的时间张罗生活，用剩下的时间尽情享受哪怕只有一点点的幸福，然后深深地感到满足。

你会明白，活在当下，是我们无法企及的智慧。

# Chapter 4 内罗毕，你与长颈鹿舌吻过吗？

以位于内罗毕近郊的长颈鹿庄园作为我们整个行程的起点，简直没有比这更完美的事情了！

这个一共只有6个房间的酒店，因为拥有近十只濒临灭绝的罗特希尔德长颈鹿，而成为世界上独一无二的长颈鹿酒店。最有特色的活动便是与长颈鹿一起共进早餐。

甚至……

还可以和长颈鹿舌吻哦，如果你能接受的话。

当然，我们只是去看看，并没有住在这里。

为什么？那还用问吗？因为穷啊……

呃……你说你不差钱，想去住？

听说每个房间至少要提前半年以上预定，而且每晚房价超过一万元人民币！

这大概就是和长颈鹿舌吻的代价吧。

其实，就算不住在这里，你也可以像我们一样，到这里来参观。

长颈鹿庄园的庄主卡尔哈特雷夫妇为了让更多的人关注濒临灭绝的长颈鹿物种，在庄园外墙处开辟了专供游客参观游览的长颈鹿中心，向全世界的游客敞开大门，让人们得以近距离地体验与这些大家伙亲近的感觉，并借此机会让游客都能参与到保护濒危动物的活动中来。

庄园有一座高高的瞭望塔式建筑。对于孩子们来说，这里则是为了能够近距离地接触到长颈鹿而建的特制木塔。

## 非洲小知识：

内罗毕长颈鹿庄园，Giraffe Manor，Nairobi，Kenya

地址：Langata Rd, Langata, Nairobi 00503, Kenya

长颈鹿庄园始建于20世纪30年代，位于肯尼亚内罗毕的市郊，距离中心城区20公里，最大的特色就是可以让游客跟长颈鹿一起吃早餐。

这座庄园由非洲濒危野生动物保护基金会投资，创办人都是野生动物保护者！

这哥们有一个摇滚范儿的名字：Jock，同时也有一颗年轻的心。
哈哈，作为一个不到十岁的孩子，他还是很听话的，就是这舌头，露在外面，好像有点点儿意识不良！孩子，你还小，要注意呢！

这只名叫 Marlon 的雄性长颈鹿，据说是这里好几只小长颈鹿的父亲。但他的性格相当温顺，除了有点儿馋，是个大吃货之外，没有任何毛病。

这头叫 Betty 的雌性长颈鹿有些调皮，据说她今年才5岁多，折算成人类的年龄，她还是个小少女。因为身高还稍有些欠缺，所以在跟别人抢食的时候稍有些急脾气，不过她这样嘟嘴撒娇的样子还是很萌的。

每个孩子都分到一些类似膨化食物的长颈鹿饼干，棕褐色的，手指粗的一条，细细长长。放在手心上，长颈鹿们看到了就会走过来舔食。这个，才是长颈鹿们最爱的食物！它们可是宁愿放弃树叶都要走过来吃这个的。

菡菡刚开始还有些害怕，小心翼翼地试喂几次之后，发现长颈鹿竟是如此可爱亲和，后来就自个儿哈哈大笑了起来。因为长颈鹿灵活细长的舌头舔过之后，在手心还会留下一条黏糊糊的唾液拉丝，孩子们推着、笑着，嘴巴上说它们“好恶心”，身体倒还是很诚实的，争相给他们喂食。

我家菡菡，一点儿也不怕了，而长颈鹿 Marlon 呢，也一点儿不把自己当外人。看她们，一个喂，一个吃，还时不时说说悄悄话，交头接耳的，仿佛是认识了很久的小伙伴，画面可温馨了。

我把菡菡招来，一脸八卦地问她：“你跟长颈鹿说了些什么啊？”

她小脸一扬：“才不要告诉你呢！这可是我和 Marlon 之间的小秘密。”

罗特希尔德长颈鹿，还有一个名字叫做“五角兽”，因为它们有两只耳朵、两只角，头顶还有一个凸起，所以得了这么一个名字。而在中国古代，因为长颈鹿长相酷似传说中的麒麟，所以曾被当作是麒麟而呈送给皇帝。所以对于中国人来说，长颈鹿是瑞兽，被它舔过，应该会运气很好吧！

你想与温柔贤淑的长颈鹿宝宝来一段虐恋吗？不需要长时间培养感情，大概只需要几秒钟，一个缠绵悱恻的法式湿吻主动送到！把长颈鹿饼干衔在两唇之间，长颈鹿宝宝们就会主动来跟你舌吻啦！

嘿嘿，你能想象长颈鹿宝宝们滑腻柔软的舌头舔上你的嘴唇时的快感吗？如果湿吻过后还在你的唇边留下一条黏糊糊的拉丝呢？也许，这将是你此生独一无二的体验哦！

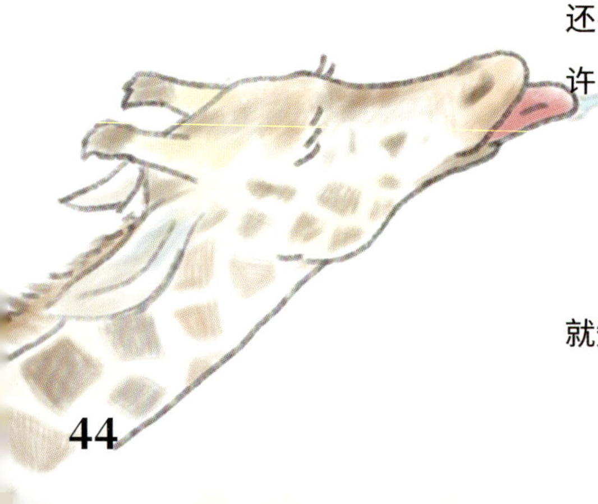

什么？你说好恶心？

看这一群游客乐此不疲地玩个不停，就知道这个游戏有多欢乐啦！

或者，在非洲，在肯尼亚，这种亲吻代表的，是人和自然的亲近。人和动物之间，没有太多的隔阂，而亲吻，是最直接表达爱意的方法。

## 非洲小知识：

你知道长颈鹿是天生的高血压患者吗？

为了保证大脑供血，长颈鹿的心脏需要把血液输送到两米多高的大脑里才行，所以一般来说，长颈鹿的血压是其他哺乳动物血压的两倍。

同时，长颈鹿那紧绷在身上的“豹纹装”，可不仅仅是美丽的摆设，它又厚又坚硬，能够保持血管的内外层平衡，起到调节血压的作用。

这样，才能保证长颈鹿的心脏在如此高的血压之下，将血液输送到将近三米远的头部时，中途血管也不会破裂或者渗血！

出发去大草原之前，带孩子们参观一下位于内罗毕的国家博物馆，还是很有必要的。在艳阳高照的下午，才终于有了一点儿身处非洲的感觉。但气温却还是刚好，有一阵阵微风，感觉很舒适。长短袖皆宜。原来，到非洲来避暑，这件事情是真的！

来张大合照！大家一起来啊……“茄子！”

这一次的行程，一共有十三个孩子，最大的14岁，最小的只有五岁。

“妈妈，我感觉你和我一样大。”我的女儿笑眯眯地看着我，双手搭在背包的肩带上，老成地冲我眨眨眼，眉眼弯弯。

跟小伙伴结伴出行的旅游，才会是最开心的呀！

如果要把博物馆玩好玩透，我想一天的时间都未必够。

毕竟，人类起源这个谜，一直是世界科学史上的六大谜团之一。而位于非洲的肯尼亚，正好有着这个极具争议的谜团的一些“铁证”。

人类的起源，本身就是一个非常有意思也是非常复杂的课题。

在内罗毕博物馆里，孩子们一起寻找与人类起源相关的各种化石，就变成了一项有趣的活动。

这些化石包括各种森林古猿、地猿、类猿人、人猿、古人，还包括骸骨、各种石器……从600万年前到1万年前，这些化石基本印证了一条完整的演化链条。

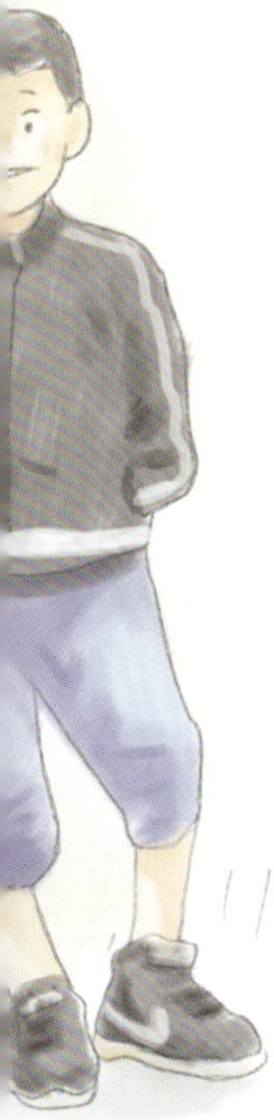

“我从哪里来？”

“我要去哪里？”

“我们以前是猴子吗？那哪里来的猴子呢？从石头里蹦出来的吗？”

在小孩子眼里，所有的一切都带着童话色彩。我们从哪里来，仅仅这个问题，就足够他们研究好几天，这类似于“先有鸡还是先有蛋”的问题，充满哲学气息却又带有趣味性，却又好像，永远都不会有一个准确的答案。

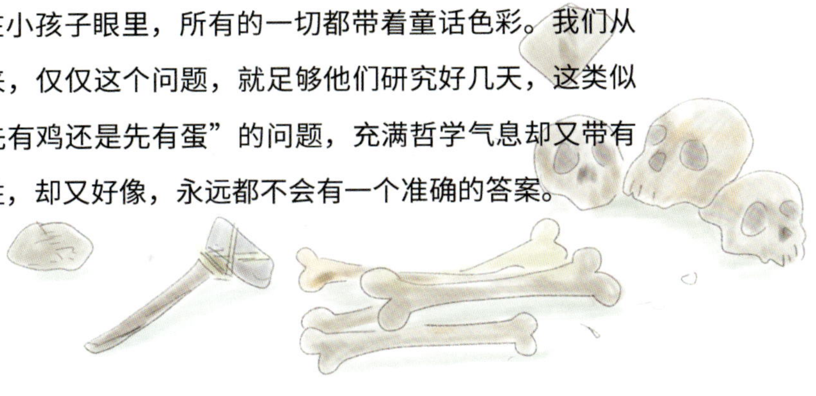

## 非洲小知识：

人类起源于非洲，这种说法至今仍然备受争议。

但是美国国家地理学会与IBM公司出资进行的名为“基因地理项目”的全球合作研究项目，通过全球的10万份DNA样本调查，用翔实的数据证实：非洲确实是人类发源地，并且历史上人类以非洲为起点向全世界的大迁徙不止一次，而是多次。

# Chapter 5 肯尼亚山，赤道上的动物孤儿院

你印象中的非洲赤道应该是怎样的？

炎热的沙漠？

荒芜的土地？

骨瘦如柴的当地人？

还是被猎豹追逐的动物群？

毕淑敏老师在《非洲三万里》说：“印象中的非洲，除了穷苦，就是酷暑难耐，几乎不适宜人类居住。追本溯源，这个看法估计来自非洲拥有撒哈拉大沙漠……非洲其余的土地还是适宜人居住的宝地。那些位于赤道上的国家，美若天堂。”

## 非洲小知识：

东非大裂谷是世界大陆上最大的断裂带，从卫星照片上看犹如一道巨大的伤疤。有人形象地将其称为“地球表面上的一条大伤痕”。

乘飞机越过浩瀚的印度洋进入东非大陆的赤道上空时，从机窗向下俯视，地面上有一条硕大无比的“刀痕”呈现在眼前，这就是著名的“东非大裂谷”，亦称“东非大峡谷”。

据美国宇宙飞船测量，大裂谷每年以几毫米到几十毫米的速度加宽。有科学家预言，如果按这样的速度继续加宽，2亿年后，它将造就一个新的大洲。

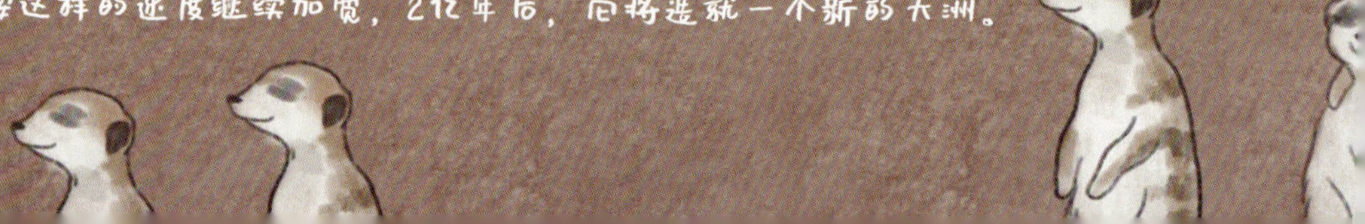

这一天，我们就要从内罗毕驱车前往赤道地区了。

有些紧张，有些期待。

非洲赤道地区，是地狱，还是天堂？

在肯尼亚的境内，裂谷的轮廓非常清晰，它纵贯南北，将这个国家劈为两半，恰好与横穿全国的赤道相交叉，因此，肯尼亚获得了一个十分有趣的称号：“东非十字架”。

裂谷右侧的肯尼亚山，其最高峰海拔5199米，是非洲第二高峰。

肯尼亚山狩猎者俱乐部，这便是我们在赤道之上的住宿之地。这一家狩猎者俱乐部的背后可有着一段动人的爱情故事，这个故事就像一部放不完的长电影。

这里最初是一位纽约富婆罗达·莱温森（Rhoda Lewinsohn）为她的爱人设计的。

遇上这位年轻帅气的法国飞行员小伙子之后，她一头扎进了爱情，为了他不但放弃了婚姻甚至放弃了在美国的所有，专门跑来Njoro（肯尼亚一小镇）定居。

他们看中了肯尼亚山脚下的一片土地，想买来共筑爱巢。一番波折后，土地的拥有者惠勒夫人（Mrs Wheeler）同意出售这个“只有爱人才能居住”的地方。房子建成后，罗达便将其命名为“Mawingu”。斯瓦希里语的意思是“云海”，亦指围绕在肯尼亚山顶的云朵。

为了爱情不顾一切，听上去既美好又浪漫。

## 非洲小知识：

非洲最高的山，乞力马扎罗山，大家对其也许并不陌生。著名作家海明威曾经写下《乞力马扎罗的雪》，让这里声名鹊起。这座高5895米的火山位于坦桑尼亚东北部，邻近肯尼亚，是非洲最高山峰，终年积雪覆盖。

而肯尼亚山的最高峰海拔5199米，是仅次于乞力马扎罗山的非洲第二高峰。这是一座休眠已久的火山，纵贯赤道线，平时云雾缭绕，峰顶若隐若现。在肯尼亚山狩猎者俱乐部这座花园式的酒店里，抬起头来就可以看到屹立在远处的雪峰。

后来，好莱坞电影明星威廉·霍尔登（William Holden）来非洲休假的时候，爱上了这里并将它买了下来。

曾经演过《日落大道》和《桂河大桥》的威廉·霍尔登，是好莱坞影史上不可多得的英俊小生——另一种说法就是“花花公子”啦。

我最爱他主演的电影《荒野有情天》（*The Earthling*），它几乎是我少年时代印象最深刻的电影之一。

这算是我对“荒野”文化了解的起源了。

离开凡尘、回归自然，原来，人骨子里的某种血液，与生俱来，难以改变。

虽然在好莱坞的八卦新闻里，总是少不了他的名字，而且听说不少关于他的风流韵事，都曾经发生在这里，但其实他也有一颗善良的心，他将他的真诚与大量的金钱都留在了非洲！

今天，这座酒店虽已交由费拉蒙（Fairmont）国际酒店集团管理，但之前几经易手，所以沾上了不少大人物和名流的八卦故事——当然，这样的老故事，比酒店本身，更加有趣而耐人寻味。

之所以提及这家酒店，除了因为这家酒店正好横跨在赤道之上，是一家名副其实的跨越南北半球的酒店之外，更重要的是这个大公园一般的酒店里，有一个特别适合孩子参观的动物孤儿院。

威廉·霍尔登怀着一颗热爱非洲的心，由酒店代表捐资创建了这个动物孤儿院。

# Chapter 5 肯尼亚山，赤道上的动物孤儿院

这个横跨南北半球的动物孤儿院，并不是一个普普通通的动物园。你要知道，整个东非大草原就是一家全世界最大的野生动物园，这里的保护区全部没有边界，动物们可以自由地在广阔的天地中游荡！

那为什么要把这些动物专门圈禁起来？原来，这里是一个专门收养在野外失去父母、面临生存危机或者意外受伤的动物的福利院。

福利院这个名字可能比孤儿院更合适，因为我们在这里看到的大多数动物都是老弱病残，甚至包括一只已经上百岁的老陆龟！

各种动物——哦，当然都是食草类动物，和谐地生活在一起等候着喂养。正好，我们也可以先来好好认识一下这些接下来可能天天都要打交道的动物朋友们！

紫羚羊，这种非洲森林羚中个头最大的一种羚羊，在野外已经不多见了，目前在这里生活的有将近200头。

你别看它们个头大，其实特别胆小，我们一走进动物孤儿院，它们便被一大帮叽叽喳喳的孩子给吓到缩在角落里。听说，如果伸出一根手指头轻轻地触碰它们，能把它们吓得一下子蹦出老远。

“妈妈，它们都是胆小鬼耶！”菡菡和小朋友们毫不客气地对这些胆小的大家伙评价道。

“我们胆子比它们大！”

“对对对，一个个都是小机灵鬼。”

苜蓿是他们最爱的食物。来到这里的每个小朋友都能分到一点苜蓿，可以近距离地喂一下这些动物界里的漂亮宝宝。

其实对于孩子们来说，没有什么能比亲手喂养这些动物宝宝更有趣并且更能体现爱心的了！

下面这只叫灰冠鹤，也叫皇冠鸟。

这名字，听着就霸气外露吧！从它走路更能看出来，凡需迈步，必先甩脑袋，得让头上的金毛先随风舞动一下，再拖着步子踩上节拍！活脱脱一个动物界的皇族！

就算不是皇族也是有“顶戴花翎”的！不过最让人惊讶的是人家的寿命可达150岁！原来中国古人所说的能活上百岁的“极品仙鹤”就在这里啊！

可能你看到的每一只灰冠鹤的年龄，都会让你惊叹不已哦。

小朋友可以轻轻地将小刺猬捧在手心里。看孩子们小心翼翼、一本正经的样子，你便知道这样亲身体验式的教育跟课堂里的到底有多不一样！

走过散养的食草动物，这里还有不少被圈养起来的食肉动物。仅仅是这一片的动物孤儿院，其面积大到一天走不完，更不用提酒店本身了。

孩子们眼尖，很快便在一棵树上发现了正在午休的花豹。

而后又在另一个围栏里观摩了猎豹的进食。

小朋友们每每发现新奇的事物，总是忍不住叫小伙伴来分享。

“哇，它们是同一种动物吗？”

“对对对，一定是吧！可能树上的那只是刚刚那只的哥哥！”

“对对对，你好聪明呀！”

“嘻嘻嘻，一般一般啦。”

可是哦——

这两种身上布满斑点的猫科食肉动物，从远处乍一看，长得很像，似乎难以区别，但其实它们从外表到习性都有所不同哦！

# 非洲小知识：

花豹与猎豹的区别：

花豹会爬树，猎豹跑得快！

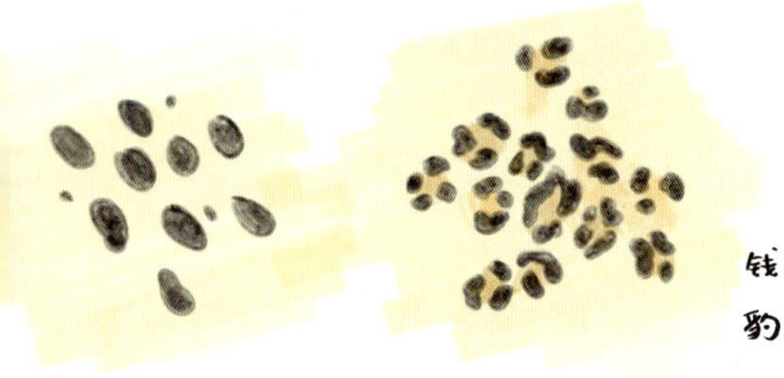

花豹的花纹像中空的铜钱（所以也叫金钱豹），猎豹的花纹是实心的圆点。

花豹没有“泪痕”，而猎豹有乌黑的“泪痕”！

什么是“泪痕”？看见右边这只猎豹鼻梁旁两道明显的黑色条纹了吗？从眼角一直下延至嘴边，好像小朋友抹眼泪后没擦干的泪痕。

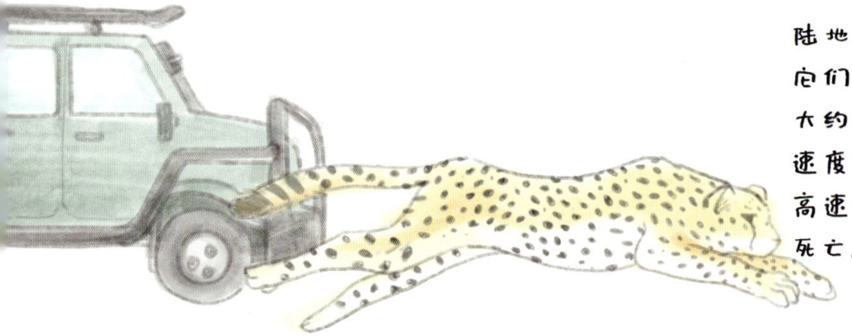

另外，猎豹还是世界上在陆地上跑得最快的哺乳动物，它们可以在几秒钟之内加速至大约100千米每小时，不过这个速度只能维持1分钟，否则一直高速奔跑的它们将心跳过快而死亡。

原来花豹和猎豹差别这么大，以后不要再傻傻分不清楚了！

这只满身肥肉的小河马明显身量未足，明明是食草动物，为什么要像食肉兽一样被圈起来呢？太不公平了啊！

原来在非洲，最常攻击人类的动物并不是狮子、猎豹而是河马，倒不是因为它们捕猎，而是因为它们性格暴烈，攻击性强，而且胆子小、疑心重，特别是带着宝宝的河马妈妈，千万要与它们保持一定的距离哦！小朋友们可是要记住了！

这其实和人类一样，当陌生人靠近自己的宝宝时，由于爱宝心切，妈妈们就会格外提防，疑心特别重，河马的这一特点实在是太有爱了。

所有的父母都会疼爱自己的孩子，这个定律，在自然界是永恒的。

你还记得《狮子王》里的那个彭彭吗？那个虽然很粗鲁但是有着宽厚的心和热情的个性的疣猪，那个帮助辛巴重新建立信心找回自我的真正的朋友。就是以下这只了！

妈妈说，不能以貌取人……呸呸呸，明明就很丑！

听饲养员叔叔说，彭彭是一种非常搞笑的动物，因为它很傻！

好吧，妈妈也说过，不能随便评论人家傻……呸呸呸，明明就很傻！

但是彭彭的傻是真傻，因为它的记忆只有三秒。它可以经常跑着跑着忘记了自己为啥要跑，所以经常在遇见天敌之后就茫然地被捉住了！

天啊，我们经常说的“傻到怎么死都不知道”的动物，就是它吗？

这只老陆龟，饲养员说它今年已经超过120岁了。

其实带着一群孩子来打扰它晒太阳我还是蛮抱歉的，不过作为一个老人家，适当地爬一爬，活动活动筋骨也很必要。

我女儿菡菡说：“它已经是老爷爷了，老得都走不动了，还是别骑它吧！”

肯尼亚位于赤道上，这里的人民有着非洲人独有的浪漫与奔放，也因为肯尼亚曾被欧洲人殖民过，他们也承袭了英国绅士的深沉内敛。不过最重要的，还是东非草原带给他们的纯朴、真诚与善良，以及一颗热爱自由的心。

他们为没有野外生存能力的动物们造了一座福利院，鼓励更多的孩子来帮助它们、爱护它们，让孩子们了解动物的世界、自然环境的残酷，让纯净的心灵与清澈的眼睛将非洲的真诚善良和自由精神延续……

在酒店里造动物福利院，这是威廉·霍尔登给大家留下的跟爱情无关的故事。

这个故事，相对于那些香艳的爱情，也许甚少为大家所知。但是，却因为这座福利院的代代相传，而给来自世界各地的孩子，打开了非洲世界的大门。

这个午后，不远处的肯尼亚山山顶上的雪在偶尔飘过的云间若隐若现。

我坐在坐落于赤道线上的咖啡厅里，喝着地道的英式下午茶，植物的清香拂面。

不远处，孩子们在跟酒店的几个马赛族人学习打非洲鼓。鼓声清脆而粗犷，伴随着族人嘹亮的歌声，那天籁一般美妙的声音，飘荡在空旷的草场之上。

我彻底远离了城市的拥堵、喧嚣和雾霾，曾经对非洲旅行的顾虑与担心，随着这手鼓的律动，早已被惊喜和爱荡涤殆尽，而轻拂我内心的，是绿色的风、流动的云，和对万物的感恩。

“妈妈，我喜欢这个地方。”我的女儿拉着我的手，笑得眼睛都要眯起来了。刚刚她跑去跟马赛族人学习打非洲鼓，回来的时候一脸兴奋。

“为什么呀？”我很想知道，非洲在我女儿的眼里是怎么样的。“能跟妈妈说说你为什么喜欢这个地方吗？”

“嗯，解释不出来，就是很喜欢呀。”菡菡歪着脑袋嘟了嘟嘴，很认真地思考了很久，扭了扭头。

“那，你来到这个地方，脑袋里想到的都是什么呀？”

“和我们生活不一样的地方，这里有很多可爱的小动物，他们都不一样，可是都好可爱，还有……自由吧？”菡菡也不敢肯定自己的答案，她凝望着我，希望我能给她一个肯定的答案。

“宝宝，你要永远相信你自己的眼睛，你觉得这个世界是自由的，就是自由的，不用带有疑问。”

我的女儿和很多孩子一样，可爱，又善良，我希望她永远这样，可以永远无忧无虑地表达自己对这个世界的热爱，对这个世界永远善良。

这里，有着非洲的灵魂，和从音乐、动物到人与自然之间的故事！

非洲小知识：

鼓，在非洲音乐以及人们心中的地位是无可撼动的。

在非洲，鼓能够传递不使用语言表达的信息。不同的音色与节奏，可以传递不同的信息。在比较安静的清晨与傍晚，鼓声甚至可以传递到15公里以外。

同时，鼓在非洲也是国家和民族荣誉的象征。每个王室都有属于自己的一套鼓，而且鼓的数量也是权利与地位的象征！

# Chapter 6

## 也许，你听说过最后一头雄性北方白犀牛？

在非洲大草原上，称霸的是五种大型动物，非洲狮、非洲象、非洲水牛、非洲豹和黑犀牛这五种非洲动物，大家习惯叫它们“非洲五霸”。

然而，这五种大型动物中，有一种动物已经越来越难看到了！那就是黑犀牛！其中，有一种特殊的犀牛——北方白犀牛，已经不可能在野外看到了！

北方白犀牛很可爱，用现在的话来说，就是蠢萌蠢萌的。两只角长在鼻子上，一大一小，一前一后，可是这么可爱的角，带给它们的，却是杀身之祸。

盗猎者拿着枪，扛着刀，活生生地切下它们的半张脸，就为了那“万能”的、“包治百病”的犀牛角。

这种被人类膨胀的欲望所逼害的生物，我心酸得不想让女儿去看，却又想让女儿知道，这个世界上，不只有爱与和平，还有人性的丑陋与贪婪。

“走吧，妈妈带你去看犀牛！”

“好呀！”女儿很开心，手舞足蹈的，丝毫没有意识到“犀牛”这个名词后面的残忍。

“妈妈，犀牛是吃草还是吃肉的？他们也会生宝宝吗？也会唱歌跳舞吗？”

“曾经会。”

北方白犀牛徜徉在广袤的非洲草原上，安静地啃噬着短草，它们性格温和，与世无争，不惹事却也不怕事，可在短短的百年间，我们人类，把这个曾经在地球上生存了五千万年的物种，推向了灭绝。

女儿还小，她并没有意会“曾经”这两个字代表着什么，直到吉普车驶过那一个个墓碑，我才听到了耳边稚嫩的声音。

“妈妈，那是什么？”

“它们曾经是北方白犀牛。”

“那它们是已经死了吗？”

“对。”

“那……我们现在要去看，活着的北方白犀牛了吗？”

“……对。”

女儿，你要记住它们的样子，因为在不久的未来，这个世界上，将不再有北方白犀牛这个物种的存在。

SUNI

2018年，世界上最后一只雄性北方白犀牛“苏丹”去世了，这个种群只剩下一对无法自然生育的母女。

也就是说，这个世界上，北方白犀牛，这种蠢萌蠢萌的生物，这种曾经在广袤无垠的非洲大陆上奔跑的生物，即将消失。

可是你要知道，在二十世纪六十年代，这个世界上，还有两千多头北方白犀牛。

在肯尼亚奥尔佩杰塔自然保护区（Ol Pejeta Conservancy），我和同行的小朋友们看到了世界上最后两头雌性北方白犀牛。

不知道是不是因为知道了背后的故事，我在看向那两头雌性北方白犀牛的时候，总带上了一种别样的情绪，那是对人类贪欲的不满和对它们的愧疚。

在很多人的眼里，犀牛角可以入药，可以壮阳，甚至用犀牛角研磨出来的咖啡，都带上了更多的维生素，能使人更健康。

因为犀牛濒临灭绝，犀牛角在一些收藏家眼里，更是成为了一种身份的象征，他们把犀牛角做成装饰品，挂在脖子上，戴在手指上……

为了救回这个濒临灭绝的物种，人类也曾很认真地努力过，就在奥尔佩杰塔自然保护区里，曾经圈养保护过这个地球上最后的四头北方白犀牛。

不知道，被圈养在保护区里的犀牛们，是否能够获得比在野外时更多一点的安全感？野生救援协会曾经拍摄过一部关于奥尔佩杰塔自然保护区的纪录片，演员江一燕亲赴肯尼亚，来到这个保护区，与当时世界上仅存的三头北方白犀牛亲密接触。

在这个配备了40人守卫小队的保护营里，白犀牛与善良的人类和谐共处，获得最后的一点点安宁。

然而这个名叫“Last Chance To Survive(最后的生存机会)”的繁殖计划进行得并不顺利。

2016年，苏丹的好哥们苏尼去世，苏丹成为了世界上最孤独的白犀牛。

2018年的春天，苏丹也终于摆脱了疾病和年迈带给它的痛苦，前往天堂去寻找它的同类朋友们了！

从此，世界上再无雄性北方白犀牛！

“妈妈，还会有小北方白犀牛BB吗？”

“不会了。”我摸了摸女儿的头发，犹豫了一下，“你要跟它们拍照片吗？因为以后可能就看不到它们了。”

“我们想它们的时候可以再来呀。”

“再来也看不到了，只能看到那些。”我抬起手，指了指不远处伫立着的墓碑，“看到了吗？它们死了，就会变成那些。”

“它们为什么会死啊。”

“因为人类的贪婪。”我半蹲下身子，拉着女儿，看向远处缓慢走动着的雌性北方白犀牛。它们两个，是这个世界上仅剩的存在了。

“以后，无论你要从事什么职业，无论你喜欢什么，都不能建立在伤害别的生命的基础上，你可以喜欢和收藏珠宝首饰，可是不能去收藏象牙、不能收藏玳瑁、不能收藏犀牛角。你可以养生，可以喝红枣泡枸杞，可是你不能盲目地去跟从，盲目地去相信熊掌、鱼翅、犀牛角的神奇作用。”

“妈妈，要是别人把这些送给我呢？不是我主动去买呢？”

“那你可以拒绝呀。”我叹了一口气，闭上眼，就能想起那两只雌性北方白犀牛的眼神，带着落魄，带着苍凉，带着无可奈何和悲伤。

“没有买卖，就没有杀害。如果你的女儿想要知道动物长什么样，你都要解释一句，‘已经灭绝了哦，我们只能在书上了解哦。’宝宝，你希望这样吗？”

女儿摇了摇头，神情懵懂。

“可能你现在还听不懂这些话，可是生命，从来都是要敬畏的。”

# Chapter 7
# 纳库鲁，一场长颈鹿的葬礼

飞驰在无边的旷野之上，目的地是纳库鲁湖国家公园（Lake Nakuru National Park）。那里，将是我们此行的第一个真正的稀树草原。

非洲的风景有一种叫人心安的纯粹。即便阴天，即便修路，在颠簸不平的土路上行驶，黄沙、尘土漫天，那也是自由，也是自然！

因为肯尼亚的国家公园对越野吉普车及其司机的要求非常高，只有持有专门牌照的司机才可以驾车进入各大国家公园游客，自驾肯定是不可能的了。

而这里的吉普车，一般都是统一规格的，我们这次租的这种9座车，如果后排放行李，坐6个人刚刚好！

到了草原之后，是可以推开车的顶棚，向上探出身的。

当然，如果你想要穷游，还有一种四面通透的大篷车可供选择。之所以说它经济实惠，是因为这种车可以拼车！不过，那种车子要到酒店或者露营基地去预约，运气好就可以很快约上，运气不好的话，可能要等上几天。

坐着吉普车，去非洲吧，那里有动物，还有自由！

KBK 333J

远远地看见那一片湖，还有湖边草原上悠然吃草的动物们的时候，孩子们都欢呼了起来！

其实开往湖边的路很是颠簸，弯多、岔多、丛林多，但是道路两边的草场上，各种动物也多，所以大家便忘记了路的颠簸，还因发现各种食草动物而惊呼连连！

司机说："这是汤氏瞪羚。"所有人便举起相机，开始疯狂地"咔嚓"。

结果，又走了十几分钟，满眼看到的还是各种食草动物，到了后面的几天，看到审美疲劳。到最后司机还在很坚持地每次看到什么动物都介绍，这是什么羚羊，这是什么牛……可是大家已经见惯不惊了。

"我们要看食肉动物！"孩子们嬉笑着说。

"对对对！要看狮子，要看猎豹，要看很大只的动物！"

而实际上，所有的动物看到汽车的时候都是一副见怪不怪的样子。好歹，汽车开得再慢再平稳，那也是有引擎声和摩擦声的，但是，对于这些动物来说，这庞大的越野车却像完全不存在一样。

估计对于这些动物来说，这些隔三差五就冒出来一次的庞然大物，虽然闻起来呛人，跑起来吵人，但停下来也不会对自己造成任何威胁，所以，动物们对此便习以为常了，爱咋地咋地吧！

在旷野中远望湖区，一片一望无际的碧蓝色在蓝天下闪闪发光，因为正是日上三竿时分，湖面耀眼得让人有些恍惚。而零星的火烈鸟漫步在水中，犹如天边的几抹红霞。

这种姿态优雅的动物，长腿长颈，完全符合人类的审美标准，步履轻盈而不失稳重，偏爱群居却又略带傲慢，初见此画面，难免让人觉得这是一种幻境而非现实中的存在。

“妈妈它们好漂亮，像是……像是小公主，很优雅。”

菡菡说，火烈鸟像是非洲草原上的小公主，它们的样子有别于草原上其他的粗犷动物，它们优雅，它们傲慢，却又让人痴迷。

“那你喜欢吗？”

“喜欢！”小朋友们不约而同地点头高声应答！

对于小孩子来说，“喜欢”这两个字，真的是最高的评价了。

如果火烈鸟知道和它们一样可爱纯粹的小朋友毫不犹豫地说喜欢它们，会有什么感觉呢？

会害羞吗？

害羞的时候，它们的脸，会变得更红吗？真的是一个奇怪的问题呢。

纳库鲁湖国家公园的湖边是唯一能够让游客下车步行的地区。脚下的湖滩像温床一样的绵软，但是听说这里有很多暗藏杀机的沼泽，只有向导才懂得哪里能走，哪里不能走！

最有趣的还是乱入到“白富美”之中的两只水牛。因为我们的走近，它们停止了喝水，警惕地看着我们。非洲水牛的粗犷，伴着火烈鸟的高雅，这本应是很滑稽的画面，在这里却显得异常地和谐。

为什么可以让游客在这个湖边步行？

原来这个湖是个盐湖，并不适合食肉动物，所以它们很少涉足，这里也就成为鸟类的天堂，人类也难得可以“一亲其芳泽”。

但是这些年来，湖水的盐度越来越低，适合火烈鸟的矿物质也越来越少了，所以火烈鸟的数量渐稀。每年几乎只有8月里的两周才能看到成群的火烈鸟飞过的情景。

要想看到《走出非洲》里那样成千上万只火烈鸟在天空飞过的场面，估计还是要去博格利亚湖。

在酒店小憩之后，太阳下山之时，我们又出来游逛。司机说，这一次，我们要进入真正的保护区了，不可以再下车！然后，我们便又遇到了外出散步的“彭彭”。

还近距离观赏了其实真的奇丑无比的非洲水牛。

据说汤氏瞪羚的群落都是“一夫多妻”，每一个群落里都只有一只雄性，就是那只长角的……

而其他没有办法成为群落首领的雄性，就只能孤独终老……

然后，一只狒狒吸引了我们司机的注意力。它不寻常地跑到我们的身边，停下来看了一眼，然后又头也不回飞快地跑掉了。就在这时，远处传来了此起彼伏的狒狒尖叫声。

司机立马决定，朝着狒狒尖叫的方向开去。只见一树的狒狒，一边发出凄厉的鸣叫，一边用尽方法向树稍上窜去！

再往下，便看到树下悠悠地晃来了它们的天敌——一头壮年的母狮，哦不，原来不是一头，竟然是两头。两头狮子迈着悠闲的步子踱到树下，看到机灵的狒狒们都龟缩在树上，也不着急，竟然打了个哈欠仰天躺下，舒展活动四肢，嬉闹起来。

它俩看似放松，周围的环境氛围却是异常地紧张。狒狒们还在尖锐地叫着，许是害怕了，或是想要搬救兵吧，又或者是为了报警，让同伴们远离。而两只狮子在嬉闹间也是频频四顾，等待着进攻的机会。

赤裸裸的挑衅……

“……”竟然没有办法反驳呢。

但是，狮子舔了一下自己的爪子。

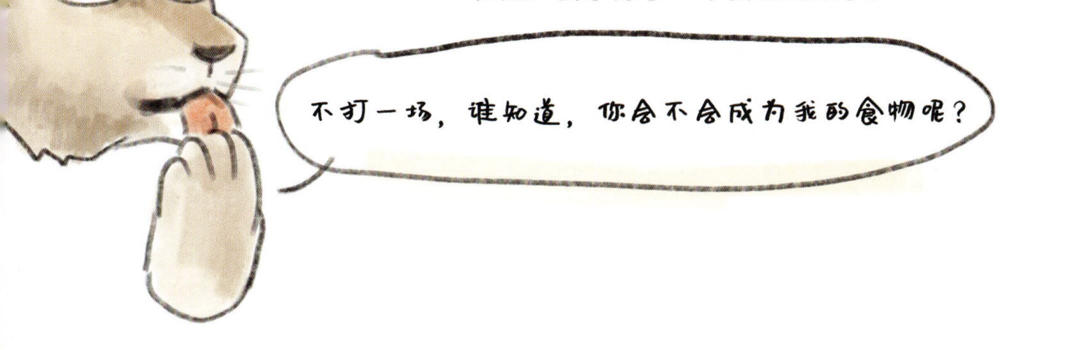

## 非洲小知识：

猴子、猩猩、狒狒到底有什么区别？

猴子：猴子是一个俗称。灵长目中很多动物我们都称之为“猴”。一般来说，我们将动物界最高等的灵长目群都统称为“猴”。这些猴类大脑发达，手脚趾（指）能分开，大拇指灵活。

狒狒：灵长目猿猴亚目狭鼻组猴科，是灵长目中体型次于猩猩的大型猴类，共分为五种，主要生活在非洲。

猩猩：猩猩不是猴，是灵长目人科的一种，也就是说，相比起猴，猩猩更接近于人类！与猴子最大不同的地方就是没有尾巴，能用手或脚拿东西。

可惜，根据肯尼亚所有国家公园的规定，越野车在同一地点停留不许超过15分钟。时间一分一秒地过去，我们只好跟第一次打照面的帅气母狮们说再见啦。

没能看到他们上树捕猎，真是遗憾啊！（后来有别的团队的小伙伴发出图片，这两只母狮果然开始爬树猎食）

什么？你说我开玩笑？

不不不，在非洲，狮子可是爬树高手呢！

你不信？那就来非洲看看好了！

开车驶离狮子，我们天真地以为这一天的重头戏已经结束，然而没想到……

越野车驶过一片灌木，夕阳的余晖照在了树丛间，那里露出了一片印有浅褐色花纹的动物皮毛。那，应该是一头躺在地上的幼年长颈鹿。

用长镜头放大看，长颈鹿腹部血肉模糊，伤口还是鲜红色的，但它明显已无生命的迹象。看来，这里刚刚发生过一起残酷的厮杀。

而镜头之外，一只鬣狗在旁踌躇满志，两只秃鹫伫立一旁，它们都在窥伺着这一顿大餐。

从旁边的树林间走出来一只长颈鹿，虽然步伐很缓慢，却异常地坚定。

原来并不是一只，而是一群。大约有七八只吧，大大小小的，感觉是一个家族。鬣狗在长颈鹿群的包围之下徘徊，不想惹怒这些庞然大物，却又舍不得放弃到嘴的美食，只得一步三回头地慢慢离去。

长颈鹿缓步走向躺在地上的那一具尸体，那原本应该也是它们之中的一员。以它们的高度，灌木丛中的震撼画面它们应该可以看得一清二楚，看到自己熟悉的同伴惨遭毒害，想必任一种生物都不会好受！

然而，令人动容的一幕发生了：所有的长颈鹿向着死去同伴的方向，深深地鞠了一躬，又一躬……

我不知道长颈鹿是否也有与人类一样的情感与习俗，这种本应只在文明的人类社会出现的画面，活生生地出现在大自然中的长颈鹿群体之中。

丛林之中，连大地都在沉默，一种哀伤的情绪在弥漫，连旁观者也为之动容！

长颈鹿群围绕在地上的同伴旁久久不愿离去。它们步履缓慢，一步三回头；忽又转身，再一次地鞠躬一般，向同伴拜祭、告别！

这是一场发生在眼前的动物界的葬礼。

这个世间，物竞天择，却流转着死亡的哀伤与亲情的温暖。

如果我会唱非洲的歌，

我想唱那长颈鹿，以及洒在它背上的新月；

唱那田中犁铧，以及咖啡农淌汗的脸庞；

那么，非洲会唱我的歌吗？

——卡伦·布里克森《走出非洲》

HO

# Chapter 8
# 初入马赛马拉，这里到底谁说了算？

从纳库鲁湖国家公园到马赛马拉国家保护区（以下简称“马赛马拉”），我们颠簸劳累了整整大半天。

车渐渐行近马赛马拉，我们即将开启此次非洲之行最让人期待的部分了！

看地图就知道，马赛马拉是一整片的稀树草原，位于肯尼亚的最南端，而与其接壤的是坦桑尼亚的塞伦盖蒂国家公园。

所谓的国境线，只是人类赋予这片草原的一条切割线而已。

对于动物们来说，它们只是根据食物的季节更替寻找更适合居住的家园，碰巧在每年6到9月期间，进入了人类定义的肯尼亚国家境内！

非洲的国家公园、自然保护区，大都没有在土地上人为设置界限，有的只是地图上的一根虚线。其实动物是完全自由的，除了可以自由地出入保护区，甚至可以踏上公路、走进人类社区。

你是不是跟我一样，很担心动物会跑过界？你真的想太多了！

因为这里的动物，特别是食肉动物，全部都是有“领地”的，一块地方占牢了就不会轻易离开，你要是想进去，人家还会跟你拼命呢！

当然，也有食草动物迁徙的时候掉队，偏离路线，闯入了马赛人的小村落。你觉得连狮子都不怕且缺乏食物的马赛人，会把它们送回去吗？

掉队的动物可是一大块行走的鲜肉啊，而马赛人的家族又是如此庞大（这个容我后面再详述），所以好多事情，咱还是不要深究了，做好游客的本分就行。

大多数公园里的路，就是这样的土路，没有草，只有土。别小看这些路，这些都是经过专人设计的，纵横交错，四通八达，沿着这些路行驶既不惊扰动物又能一饱眼福。

其实我们在纳库鲁，就曾经被持枪的国家公园警察截停，理由就是我们远离了大路开上了草甸（就在长颈鹿葬礼的那一处）。

当然，警察的最终目的不过是要一些小钱，但是为了不给自己惹麻烦，还是尽量在规定的道路上行驶吧！

我们在马赛马拉看到的第一只除了各种羊和牛以外的动物，就是这只大象。

哦，不，不是一只，而是一群。

它的家族隐藏在树林里，肉眼可见而相机无法捕捉到。

我们的司机愉快地宣布：“我们进入保护区了！”然后他停车将车顶升起，让我们可以站起来拍照，同时宣布：“自此，在保护区内你们不能再下车了，要上厕所，也是几个小时以后的事了！”

其实也并没有那么久，因为我们很快便到达了这一晚的住宿之地—— 一个在马赛马拉国家保护区边上的旅舍（lodge）。

旅舍面向一条……河……我想了很久，不知道该用什么词来形容这条河，因为它并不是著名的马拉河，甚至不算一条河，只是一潭水，而这潭水恰巧住了很多的河马和鳄鱼……

初到旅舍的我们第一次被很正式地召集起来，被严肃地通知：为了给动物一个真正的黑暗的世界，晚上8点以后整个旅舍会停电。

天黑以后不要自己出门，如果一定要出门，需要打电话到前台请拿着枪的工作人员陪同。

如果半夜听到屋外有任何声音、任何动静，不要出门就好。

什么是“就好”？

听了这话，谁还能“就好”？

小朋友们有没有被吓怕了？

这是属于非洲的严肃，他们给予动物最大限度的自由。
第一次这么真实地感受到，非洲对于自然的尊敬。

在这片辽阔的非洲大陆，动物才是这片大陆真正的主人。
而人类，只是在这片大陆生存的一种生物而已。
所有生物，都是平等的，都是值得被尊重的。

# 非洲小知识：

在肯尼亚，因为没有像我国一样的酒店星级标准，所以一般的游客很难根据酒店的名字或者文字介绍来判断酒店的档次。

其实，肯尼亚的酒店一般可以分成三种。

一是hotel。大多建在市区，比较接近于我们一般印象中的商务型酒店。

二是lodge。英汉字典对这个词的翻译是：乡村小屋、小舍。难怪大家看到这个名字的时候都感觉有些低档。但实际上，lodge在东非，大多类似于我们常说的度假村，很多是小木屋风格，接近自然，但是在软硬件设施上并不逊于五星级酒店。

三是camp。什么？去非洲要住帐篷？太艰苦了吧！哈哈，其实在东非，最奢华、价格最高的酒店就是野奢帐篷酒店camp。

所谓野奢酒店，指的就是这种完全融入自然环境中的奢华酒店。它们不仅设施齐全，有自己专门的向导和越野车，还有自己独有的线路和服务内容，也就是所谓的私家定制！

当然，也有真正的camp site，提供给自带帐篷的穷游背包客，如果你喜欢这样的体验，也可以选择！

在肯尼亚，建议在城市里选择hotel，在国家公园和自然保护区内选择lodge或者camp。

一般来说，hotel只提供B&B（Bed & Breakfast的缩写，指住宿和早餐），而自然保护区附近的lodge和camp都是食宿全包的，几乎全是FB（Full Board），即房费中含三餐。

相对来说，最适合我们家庭团队出游的酒店选择就是lodge啦。如果你不差钱，camp当然更好喽！

即使入住了类似我国五星级标准的lodge或者camp，还是有一些问题要注意：

1.在自然保护区内的酒店，大多在太阳下山后就不允许游客私自离开房间了。如需出门，需打电话给前台找带着电棒或枪的工作人员陪同！

2.有个别酒店（特别是在自然保护区核心位置的酒店）电力供应是受限的。一是因为夜晚要全暗，以保证动物的习性不受干扰；二是因为很多地方全靠发电机供电，而草原上的夜晚需要绝对的安静。

3.酒店的水大多从别处运输而来，所以有些酒店的热水也是限时限量供应的，入住时需咨询前台热水供应的问题。

4.大多数酒店设施非常简陋，没有电视，没有吹风机，没有洗漱用品，需要自带。

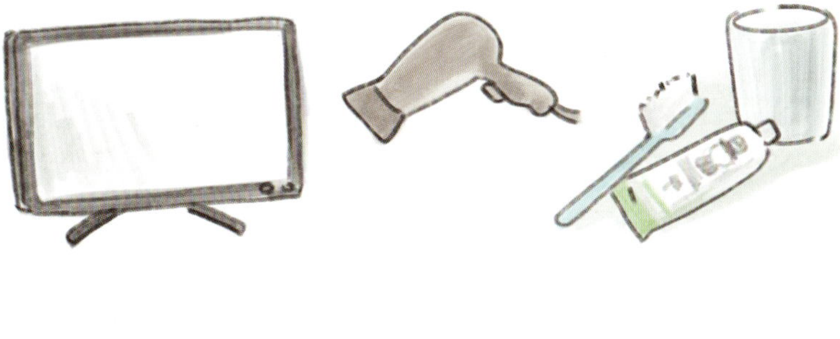

于是，看着夕阳逐渐西沉，虽然对外面的世界充满好奇，但我还是瞬间溜回了房间。虽然我热爱冒险，可是小命要紧啊！其实在旅舍的那个夜晚，我是听到了来自窗户之外呼噜噜的喘气声。

我保证，那绝对不是来自人类！但是窗外一片黑暗，除了那个奇怪的深沉的喘气声，万籁俱寂。还好，那个声音，只是在窗下徘徊了一会儿，就独自离开了，只是那几分钟，对于我来说，就像一个世纪那么漫长。

所以，黎明，你什么时候才来？

清晨，金黄的雾霭笼罩着旅舍前的河谷，没有熟睡的我冻得打了个哆嗦，然后醒了！我拉开窗帘，看到旅舍外的河谷里，河马已经开始了争夺地盘的小战争。

确保周围没有任何的危险之后，我才小心翼翼地走出房门，向旅舍前台的服务人员简单地询问了一下。

她很得体却轻描淡写地说：“女士，您昨晚听见有动物经过吗？嗯，那应该不是河马……估计是某种食草动物吧！您看，这里都没有河马的脚印……”天啊！非洲，真是一个神奇的地方！

一般来说，在别处旅行，你完成了一天的行程回到酒店就等于一整天的精彩已经结束。在肯尼亚，可不一定！

别忘了，整个肯尼亚，就是一个大的野生动物园。

在这里，动物才是主人，我们是客人。

回到酒店，这个关系依然存在，不会改变。

在肯尼亚的酒店里，还是可以随时偶遇那些天真烂漫、自由自在的动物的。

河马、狮子、猴子、大象不定期串门儿，有时候甚至大摇大摆地走进来拿吃的。在一个酒店的草坪上，我们就曾经与一只猴子共坐一桌，分享了一袋零食！

请记住，在这里，它们才是主人。

小朋友一开始还会害怕这些庞大的生物，到后来，已经可以很自然地接受它们，甚至看到这些不速之客的时候，还会拿出自己珍惜的小零食与它们分享。

“菡菡，你怕不怕？”看着女儿的笑脸，我总忍不住问她奇怪的问题。

毕竟对于养在温室里的小朋友来说，这些动物的长相有些凶，性格有些率直，它们不会像人类那样，想得到一个东西先委婉地表达一番。在非洲，所有的事情，都是直接的，它们坐在你旁边的时候不会打招呼，突然拍你一下，也许只是它们的恶作剧。

“不害怕呀。”菡菡仰着脸看着我，笑嘻嘻地说，“我能感觉到它们的善意，它们也想和我交朋友。”

# Chapter 9 马赛马拉，关于生命的那些镜头

就像一开始说的，从小被《动物世界》种下了关于非洲大草原的毒，让我不知道为什么就一根筋地想带着我的女儿去《动物世界》里面的场景走一走。

其实整个肯尼亚的精髓就在马赛马拉，在每年的6至9月，全世界的目光都聚集在这里，因为这里是会发生整个地球上最独一无二的动物大迁徙。

这里有那么多的动物，从鸟类到哺乳类，再到鱼类，光是把每种动物都拍下来，就可以做成一个小型的动物图册了！

只在马赛马拉停留了不到三天的我们，虽然大部分的时间是在草原上毫无目的地乱转，却看到了许多感人的瞬间。我决定把这些瞬间模拟成一个个电影镜头，展示给你们，那便是关于草原的生老病死的瞬间！

它感动了我，希望也能感动每一个你！

# 镜头一：生

吉普车前，一头威风凛凛的雄狮趴在丛林之中，它傲然环顾四周，丝毫不理会围观的人类与那些只属于人类的“长枪短炮”，它脚边的不远处，卧着一只胸膛已被撕裂的羚羊。这里，不久之前，有一场关于生和死的挣扎和厮杀。

镜头180度旋转，对准雄狮身后的丛林，拉近、放大，一头母狮慵懒地卧在草丛中。

镜头再缓缓旋转，原来还有另一头母狮深藏在丛林之中，四头萌萌的小狮子争先恐后地挤在妈妈的肚皮前吃奶，一字排开。原来不只是雄狮，连家族内其余的母狮，也一样肩负着守护的工作！

今天的午餐已经吃得差不多了，其中一头小狮子松开小嘴，大大地打了一个哈欠，表示它已经吃累了，要去休息了！

吃累了的小狮子有些害羞地伸出了粉色的舌头舔了舔，然后脑袋一直往妈妈怀里拱，找了一个舒服的姿势就毫不设防地进入了梦乡。

雄狮默默地回头打量了一下自己的家人，脸上看不出什么表情，这狮子王酷酷的，回头一瞥的那一瞬间，却超有爱！

原来所谓的狮子王，也跟人类一样，对于下一代，有着说不清道不明的宠溺……

那是传承和希望。

这是一只在草原上四处张望的猎豹！在它的不远处，还有几只猎豹宝宝在玩耍。

据说，猎豹的孩子生存概率只有20%左右。因为猎豹以快制动，捕猎的时候没有办法将幼崽带在身边，所以经常有豺狼这样的觊觎者，在一旁等待守护的成年猎豹离开，趁机叼走猎豹宝宝。

你看，就算是草原食物链最顶端的狩猎者们，也一样有着这样的生存问题。

能够拥有新生命，对于任何一种动物来说，都是上天的恩赐！

## 非洲小知识：

“非洲五霸”指的是非洲狮、非洲象、非洲水牛、非洲豹和黑犀牛这五种非洲动物。

这些动物成为“非洲五霸”是因为徒手捕捉它们的难度最高，而不是因为它们的体型庞大。

为什么猎豹没能跻身“非洲五霸”？

首要考虑的因素是它们的凶险程度和在非洲野外被找到的难易程度。与花豹相比，猎豹相对温柔些，所以在凶险程度上，花豹胜出。从现存数量和出没行踪来看，花豹无疑是丛林中的隐形幽灵，想要找到它更难。所以，花豹便以“非洲豹”称号跻身在“非洲五霸”之列，而猎豹则落选了！

# 镜头二：死

关于死的镜头，我们之前经历过的长颈鹿葬礼可能更有感染力。

但是我要分享的是另一个群体的故事。

从某一个角度来说，他们是胜利者。

然而，换一个角度来看，我觉得草原上其实并没有真正的胜利者，只有生存者！

就在车窗外的草地上，我们远远就看见一群鸟类的身影。首先受到刺激的感官是鼻子，那是一种由死亡渗出的邪恶的味道。

这是一群秃鹫和一具看不清脸的尸体。

秃鹫，在很多的文学作品里，甚至是游记里，它们都是不受欢迎的反派角色。

但这又是一群幸运的秃鹫，因为这一天，它们等到了吃剩的食物，看样子是一只巨大的水牛，足够它们饱餐一顿！

在中国的西藏地区，有一个民族，把这种动物看作神，会在人死后将尸体拿到指定地点让它们吞食。而且人只有在一定程度的得道之后，才能拥有将自己的肉身布施给秃鹫的权利。

殊不知在非洲草原上，秃鹫其实也是一类等级森严的动物。进食时头领先吃，其他的秃鹫在旁守卫，只有等群落里的头领进食完成，其他的秃鹫才有进食的机会。

而那一头水牛的尸体，被啃得只剩下一对巨大的犄角，连着头骨，脸上两个巨大的眼窝空洞洞地盯着前方！这样赤裸裸的杀戮，虽然令人反胃，但从另一个角度来说，却是一种生命的延续。

这样的，对于人类来说过于残忍的场景，在非洲大草原上，却像是一出连续剧，在草原上每日上演。

“妈妈，我觉得秃鹫好残忍呀，那头牛好可怜……”我的女儿从来没有见过这样残忍的景象，她是善良的，在看到这个场景的时候，用肉肉的小手捂住了眼睛。

“宝宝，弱肉强食是这个世界永远存在的定律。”

“可是……我不想……”

“如果有一天，你也被这个世界吞噬了，或者被生活折服了，那一定是因为你不够厉害，不够强大。”我摸着女儿柔软的长发说。我多么想她永远单纯，永远像现在这样，干净得像一张白纸。

但是我也知道，她会长大，会在这张白纸上涂抹上颜色，我希望那会是彩色的、灿烂的，如阳光一般温暖。

“妈妈，我会努力变得很强大的，我要好好保护自己。”女儿顿了顿，正当我以为她不会再说什么的时候，她说，“也要好好保护你。”

那一瞬间我的鼻子有点酸。

你看，这就是旅行的意义，你永远不知道，你的旅程里会遇到什么意外；你也不知道，你在旅程里，会得到什么收获。

镜头切换，陆续出现狮子、豹子、鬣狗、鳄鱼等草原上的大型食肉动物，镜头最后停在了一头正在进食的鬣狗身上。

这块从别的猛兽口中抢夺来的骨头，想必是它这一天的美食了吧！对于喜欢独自行动的鬣狗来说，在草原上生存比任何一个群体都要困难。

但是，动物的智慧，永远不要低估！

画外音：

在草原上，生存是残酷的，所以在这个战场上，每天都上演着吃与被吃的追逐。

为了活下来，每种动物都竭尽所能！无须可怜或同情，因为保护了弱小的食草动物，就意味着食肉动物饿肚子。

无所谓仁慈或残忍，因为这就是大自然！被吃掉的那一片血肉，将化作另一个生命的力量，延续下去。

正是因为拥有这样生生不息的力量，这一片草原，才能拥有如此丰富的自然馈赠。

# 镜头三：爱

一望无垠的草原上，黄草在风中轻轻摇曳。镜头从远景拉至近景，一只动物出现其中。

哦，原来是两只。

那是两只草原上特有的豺，一前一后，四下张望，走得特别缓慢。

镜头再拉近，才能看出前面那一只似乎还有一些跛脚，可能是左后腿受了伤；后面那只也不急，就慢慢地跟着，不时前后张望，似乎在陪伴，也似乎在放哨。

## 非洲小知识：

草原上的豺严格执行“一夫一妻制”，终生生活在一起，如果一只死去，另一只也会因思念而不久于世！

在大草原上，这样的画面特别多，相较于不少对“一夫一妻制”诸多抱怨的人，这些动物都是自愿守护对方而且愿意与之相伴终生的。

每年的迁徙季节也是狮子的繁殖季节。每头雄狮都会跟随群落中的一头母狮出游，直到确保其怀孕，才会双双回到群落。

是的，群落里有很多它的其他配偶……就让我们假装不知道后面的故事吧。

而那些关于爱与守护的影片，草原上每时每刻都在上映。每每看到这些画面，都会让人觉得莫名地感动！

# 镜头四：迁徙

生、老、病、死，这四个场景，每天都在东非大草原上循环出现，像是用长镜头，缓缓地展现着关于爱与生存的故事。从前只有在电视节目里才能看到的画面，成为了车窗外的场景，血腥又真实，我们一次次地被震撼，一次次地刷新对动物的认知，一次次地提高对大自然的畏惧。

“动物大迁徙”这五个字代表着什么？在即将探索这个命题的时候我问孩子们。

代表着什么呢？

马赛马拉给我的第一次震撼就来自它的辽阔与自由，这里是动物的天堂。如果你是一只动物，你可以很自由地选择自己的领地，可以很自由地选择食物……同时，你也可以很自由地选择自己的生存方式。

漫山遍野，菅草苍茫。

数以百万计的角马、斑马和瞪羚结伴而行，浩浩荡荡地沿着丰草的方向，无所畏惧地奔向前方。前行路上，杀机重重。

从草原的王者，到水边的偷猎者，物竞天择，生存之路上总有牺牲，然而，正因为这样，最终的到达才尤显珍贵与神圣。

角马是这一场大迁徙中的一号主角。说实话，按中国人的审美观来看，这哥儿们长得真不怎么样。

那又长又黑的脸，如同一根锥子，再加上头顶那一对极不协调的硕大的牛角，还有那看上去很邋遢的一把山羊胡子，难怪这哥儿们怎么混都只能待在社会底层。

“长了一张马脸”，嘿，说的就是你呢！

而斑马，则像是夹杂在角马群中的军师。

在它们的世界里，好像每天最重要的事情，就是如何生存下去，它们在大迁徙里与角马一起前行，是最默契的伙伴，也是最完美的搭档。

瞪羚的角色是后卫，是奔跑的能手。它们走在队伍的最后，负责把地皮上剩下的最后一点草根也拔光殆尽。因此，整个队伍走过的地方，都会很干净，就像“割草机”一样。

## 非洲小知识：

为什么角马总是和斑马一起迁徙？

角马和斑马总是结伴而行，因为它们各有所长。

斑马在迁徙队伍里扮演前锋的角色。它们只吃掉长一些的草，老些的草。而且斑马有着特别灵敏的听觉和超乎寻常的视觉。走在迁徙队伍的前面，会及时听见、看见远处出现的危险。危险来临时会发出警报，并赶紧躲避逃跑，身后的角马也就从它们那里得到警报。

角马则是迁徙队伍的中锋，也是迁徙大军的主力。它们只吃掉低矮的草、嫩些的草。角马视觉和听觉都不行，但却有着超乎寻常的嗅觉，正好和斑马有效地互补。

大自然就是这样奇妙，斑马、角马、瞪羚很自然地组成了相互协作的同盟军。迁徙是为了丰美的水草，不迁徙就意味着死亡，血脉无法延续。

但是很多动物“买”的是“单程票”，因为在路途上它们很有可能成为了狮子等猎食性动物的美食，尽管每年被猎食的动物约占总数的四分之一，但是为了生存，为了希望，他们一路勇往直前。

百万头的角马，数以十万计的斑马、瞪羚组成声势浩大的队伍，从坦桑尼亚的塞伦盖蒂国家公园北上，终点是肯尼亚的马赛马拉，跋涉3000多公里。

途中不仅要穿越狮子、猎豹埋伏的草原，还需要提防随时有可能出没的豺狗以及在狭窄的马拉河两畔聚集的鳄鱼，这些食肉动物每时每刻都在准备享用即将到来的盛宴。

而这些动物的迁徙，其实也是很有趣而且有序的。

“嘿，哥们儿，我们又见了。”斑马嚼着草，遇到老朋友有些兴奋。

“你也来参加这次跋涉吗？”角马甩了甩尾巴，计算着这次的路程，好像有点远呀。

“这不是废话吗。”斑马说。

“还有我！还有我！”瞪羚在后边追赶道。

“我们终点见啊，别被狮子叼走了。”斑马扔下嘴里嚼了一半的草，对老朋友们致以最诚挚的祝福。

他们只有四分之三的存活率，着实不算高。

但是永远抱着无畏的心，往终点前进。

百万头的角马自觉地集结在一起，然后像小学生一样排列成整齐的队伍，跟着领头向前推进。我第一次看到这情景时，几乎不敢相信自己的眼睛。

“团结有序”“非常强大的力量”，这是我脑海里立即浮现的词语。

我一直在问自己，这些动物的智商，真的只有人类想象中的那么低吗？

## 非洲小知识：

“天国之渡”，也就是我们通常所说的每年6到9月间发生在马拉河畔的动物大迁徙最精彩的部分！为了觅食，角马、斑马与瞪羚用尽全力穿越马拉河，成就了每年最壮观的生死大劫。食草动物们要面对的有尼罗鳄的血盆大口、鬣狗的穷追不舍，以及狮子的埋伏。

而实际上，“天国之渡”并非只起因于动物的觅食与迁徙，当地人说更多时候，食草动物们只是因为需要饮水，而被迫来到危机重重的河边。

动物们的迁徙之路危机重重，所以才会有我们所谓的“天国之渡”一说！

# Chapter 10 八个老婆和两百多个孙子的故事

参观马赛村，其实已经变成了很多旅行团的固定项目了。

马赛人，曾经是世界上最厉害的游牧民族，每个人只手持一根棍子，便是连狮子都要害怕的。

现在，他们是唯一获批住在东非大草原各大保护区内的民族，因为东非大草原是他们世世代代的家园。

想要识别他们很容易，披着这件艳丽的红色斗篷的便是了。

马赛男人装束是身披“束卡”，其实就是红底黑条或大红色的布。

刀、圆木、长矛，是所有马赛男人不离手的三样东西。

马赛女人则身穿“坎噶”，除了红色的布外，还用颜色更为艳丽的布来做色彩搭配。

## 非洲小知识：

马赛人为什么要穿红色的斗篷？

马赛人穿红色服装的原因是既可以对野兽产生震慑，同时又可以成为荒野中的醒目标示。

对于终日在野外生活的族人来说，火焰般的红色就是一种力量的象征。怕火的野兽同时也对穿着红色服装的人怀有敬畏。

一位身披着红色格子斗篷的小哥站在村落的门前欢迎大家，竟然说的是一口流利的英语。

他说，欢迎大家来他家做客！

前面这位兄弟在给大家用流利的英语介绍他们部落的简单情况时，我旁边的一个小朋友却“扑哧”一声笑出来。原来亮点在后面。

这位哥哥，拿木棍剔牙，牙洞是得有多大啊！

## 非洲小知识：

其实后面这位小哥哥并没有在剔牙，他是在——刷牙！

非洲的部落里，还是有很多族人习惯于使用木棍清洁牙齿。他们将这些细长的树枝含在嘴里，不停地咀嚼，以清洁他们的牙齿。这些从树木上砍下来的树枝就是当地人的牙刷。很多当地人说，这种“树枝牙刷”比包装精美但价格不菲的护牙用品更好，因为它是天然产品，不仅护牙有效而且价格便宜。

他们认为，这种植物牙刷不仅有助于口腔清洁，使牙齿变白，并清除口腔气味，还可以治愈多种疾病，对胃和脑部都有好处。非洲人爱用的“咀嚼棒”已经受到一些牙科专家的赞同，世界卫生组织鼓励在一些贫困国家使用“树枝牙刷”。

号角吹响，表演开始了！

先是部落里的女性的表演。盛装打扮的部落女性们，穿着颜色鲜艳的衣服，佩戴着巨大的首饰，站成一排，给观众们唱起了歌。

虽说一句也听不懂，但是节奏还蛮欢快的。几个孩子在其间穿梭，还有在旁边哇哇大哭的，也算是伴奏的一部分了！

然后到青年男士的表演。他们挥舞着兵器呐喊、舞蹈，那意思应该是展示他们的力量之美吧！客人里的男士们也获邀加入到他们的舞蹈之中。披上一条传统的大红披肩，我家“领导”原来也可以如此显白！

音乐奏响着，我们一起跳着舞，来自不同地方的人，语言不通的人，在这一刻，仿佛都可以无障碍地交流着。尽管我们可能只是匆匆地见一面，在彼此的人生中留下浅浅的一笔，但是这都是我们宝贵的收获。

他们热情好客，而我们得到快乐。

据说，马赛年轻人之间，以跳高为赛。谁跳得高，谁便容易得到女性的青睐。

而如今，跳高已经成为了他们欢迎客人的一种仪式。一字排开的几个马赛男人挨个在我们面前腾空跃起，展示着自己矫健的身姿和对天的崇敬。

他们跳高的方式也很有趣，只依靠脚板的力量，不弯曲膝盖，跳起来时双腿平直，就好像脚底装了弹簧一样。

这样的欢迎仪式，是不是很有趣呢？

欢迎表演结束了，族人推开一个树枝堆成的栅栏，带我们走进一个围起来的大院子。

这就是他们的部落，几十座土屋围成一个大圆圈，据说这些房子都是用牛粪和水加上一些禾草糊起来的，幸好肯尼亚少雨，不然，我还真有些担心这些屋子的持久性！

那个说英语的小伙子告诉我们，这个大院子便是他们一整个部落住的地方，而他们这个部落，是方圆不知道多少公里内最大的马赛族部落了，因为他们这里住了三百多口人，包括一个老爷爷和他的八个老婆、四十多个儿子（还不包括夭折的和嫁出去的女儿）与两百多个孙辈！

天啊，这三百多人都是一家人啊！他们济济一堂的，住在一起也真是其乐融融！

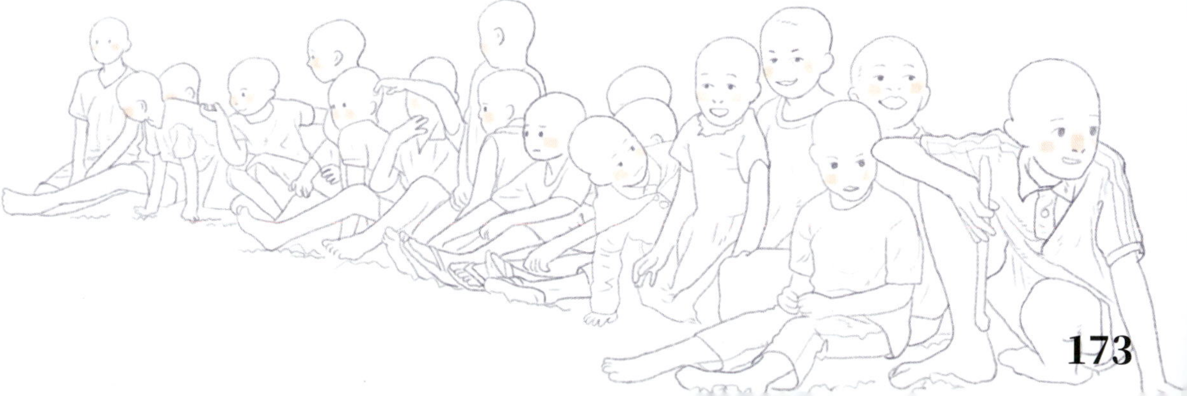

据我们猜测，站在两树之间的这一位老人家，应该就是这一大家族的大家长了。

按理来说，在马赛部落里，他应该算是一个有钱人，因为当地人要用十头牛才可以去换一个老婆回来。他换了八个老婆，应该是收入和能力都很厉害吧！

单是看着这两百多个孩子排排坐在地上，就已经感觉很震撼了！

听导游说，其实马赛族的女人是最累的，因为按照马赛族传统，男人除了打猎什么都不用做。

家里大大小小的活都是交给女人的，从做饭到盖房子，到生孩子、喂孩子、养孩子，现在还要做手工艺品……但是现在的马赛人，已经不需要打猎了。

难怪在部落里见到的女人都是一副苦大仇深的样子，而男人却都笑容可鞠。

哦，对了，马赛人还有两个很重要的外貌特征。

一是耳朵上有一个大洞，据说这是从小撑大的，是一种美。

二是很多马赛人没有中间的两颗门牙。因为在草原上游牧，经常会发生脱水晕倒或是被动物袭击这样的事情，把中间的两颗门牙卸掉，就是为了就算嘴巴紧紧闭着，也可以从缺牙的小洞里灌水或灌药进去。这种想法真是奇特啊！

在马赛人热情地给大家表演了又一项技能——钻木取火之后，其中一个族人盛情邀请我们到他的家里去坐一坐。

这便是他的家，只有一扇要弯腰才能进出的小门，完全没有窗户。可想而知，屋内真的是相当阴暗。

我可以大致地给大家形容一下屋内的设施。

中间是一个火堆。对，这么小的一个屋子，最重要的地方竟然留给了灶台和火堆。据说这是因为这里的夜晚很冷，需要生火取暖。然后在屋子的左右两边分别有两间只能容下一张单人床这么大的隔间，里面只有两个土台子，并没有任何枕头、被褥之类的床上用品。据说，他们晚上便是睡在这样的土台子之上。

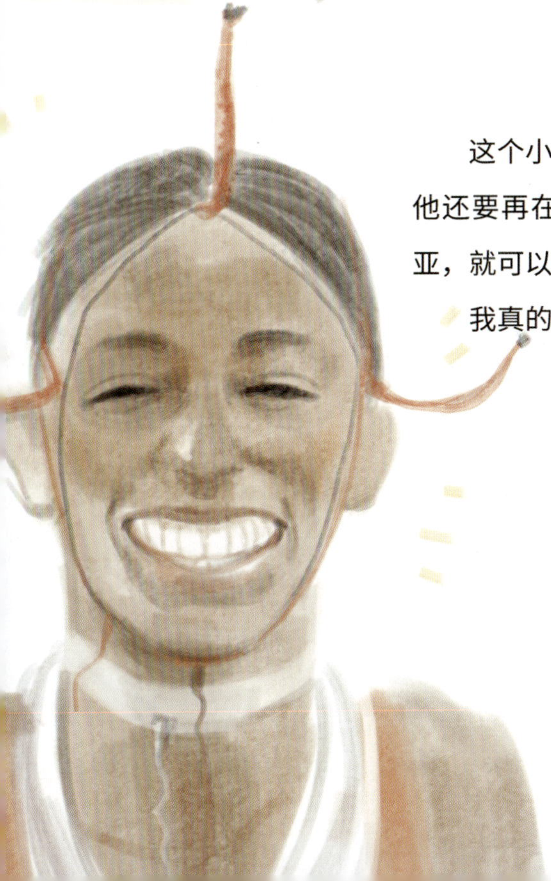

这个小哥非常自豪地告诉我们，这是他新建的房子，他还要再在旁边加盖一间，这样的话，下次我们来肯尼亚，就可以不用住酒店了，可以到他家里来住！

我真的心怀感激，这是多么无私的邀请！

我问他：“你有几个老婆？”

他说：“目前只有一个呢！”

嗯嗯，祝你早日多盖房子多娶老婆！

真的没有想到，这么一个部落里，竟然能有这么多的孩子！听说现在的马赛人，大多可以外出上学。

对于这一点，我很是矛盾。我当然知道，上学是他们改变现状的唯一出路，但是在一代又一代的年轻人走出部落之后，古老的传统是否还能够继续传承下去？

我不知道……

# Chapter 11
# 飞越马赛马拉的热气球

那应该是非洲草原上最寻常的一个早晨吧。

稀疏的星星仍挂在天边。我们起床出门的时候，天边有一丝丝青色的微光，而我们周围的世界仍是一片暗淡。

这一天，我们要去坐热气球啦，从上帝视角来探寻草原上的各种小秘密。

这里的早晨透着寒意，虽然是8月份，可是要穿着羽绒服出门呢。当然，众所周知，在这让人觉得脸都有些刺痛的寒冷过后，也许是一两个小时，太阳就会出来，然后那份炙烤般的炎热，会让人觉得穿短袖T恤刚刚好！

十几个孩子喧闹着出发，来接我们的是一辆大篷车，我们幸福感十足地上路了。

在非洲，这可是最欢乐的交通工具。没有窗户，只有绿色的如迷彩布一般的帘子。据说这是为了让动物觉得整辆车是一个庞然大物，从而不敢贸然进攻。

多么别致的设计啊！

大篷车吱吱呀呀地开着，结果没过一会儿就“噗”的一声停下了。原来是爆胎了，真是出师不利。等了好一会儿，才等来另一辆车，两辆车的乘客挤在一辆车，晃晃悠悠了大半个小时才终于到达热气球的始发地，而这会儿，远处的山峦早已在晨曦中露出了其本来的形状。

是的，我们来晚了。热气球准备起飞的时候，我们已经错过了日出。结果热气球的驾驶员很负责任地告诉我们，这一天的天气不好，云层太厚，根本就没有日出！

这简直就是天底下最暖心的安慰。

旅途总是充满着各种各样的意外，或许，在下一秒你会发现，其实那是最特别的惊喜。

终于要出发了！每个热气球载十二人，大家集体缩在藤篮里，风呼呼地鼓着火。在我感觉我的头发都快要被烤干之际，终于听到驾驶员说："行啦，大家可以站起来了！"

站起来的那一瞬，仿佛看见了这神秘的大地披上的第一缕阳光。

脚下的草地变成一片金黄，而树林好像越来越低矮，直至变成广阔大地上的一小片阴影。为了让我们清晰地看到每一组动物，热气球缓慢地飞过高树的顶端，越过吃草的水牛、羚羊……上升一些，又下降一点……

早晨的空气和光线都有一种天堂般的清逸。流水潺潺，鸟儿歌唱，仿佛万物都选在这个时分献上自己的清晨祷告与赞美。这一天的天气确实不是最佳，但是大草原还是美得犹如仙境一般。

孩子们忍不住一阵又一阵地惊呼：“角马！斑马！还有长颈鹿！”从另一个视角看到这些动物，大家一下子变得兴奋难抑。

在距离马拉河大约一公里处，一大群角马正排成整齐的队列，向另一处牧场前进。它们一群群地漫游在草原上，像一条条飘带在草原中起伏。

我们的驾驶员，据说是从英国学习驾驶热气球的技术归来，是绝对可以信赖的。

我想他一定脾气很好，因为这一篮子的小朋友，一路上大呼小叫，他却始终保持着微笑。也许对于他来说，不单是这里的风景早已司空见惯，连游客的这些反应也一样司空见惯了吧！

而清晨的河边，静悄悄。既没有看见任何在饮水的动物，也未能看见潜伏的鳄鱼，甚至河马也不见踪影。

难道，大家都还没起床吗？

降落的时候还发生了一件有趣的事情。

驾驶员为了让我们更近距离地看一群长颈鹿，将气球降得很低，而忽视了在热气球前方的一棵枯木。幸好那棵巨木顶端已近腐朽，于是在大家的一阵惊呼之中，热气球有惊无险地穿越了树的顶端。伴着枯木被折断的声音，我们大呼小叫地飘向落地点。

飞行结束之后，热气球公司在草原上给我们安排了一顿特别的草原早餐。

莽莽苍苍的东非大草原之上，蔚蓝的天空飘着朵朵白云，在这片神秘的草原深处，摆放着几张干净整洁的白色餐桌，穿着整洁干净的英式服务员手臂上搭着雪白的餐巾布，站在桌旁。

香槟在这里是任喝的，再加上完美的西式早餐，这是何等的惬意啊！

对于我家菡菡来说，这也是她人生的第一次热气球之旅，随着热气球之旅的结束，我们的马赛马拉之行也接近尾声。

终于要离开这片神奇的大草原了，我的心里交织着各种各样的情感，有赞叹，有庆幸，有遗憾，有不舍……

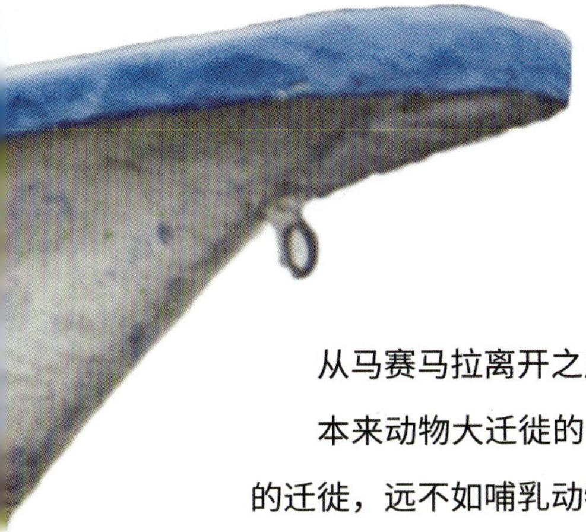

# Chapter 12 泛舟湖上的尾声

从马赛马拉离开之后，我们选择了纳瓦沙湖作为我们在肯尼亚的最后一站。

本来动物大迁徙的参与物种就不单只是哺乳动物，还包括鸟类，只是这鸟类的迁徙，远不如哺乳动物的精彩纷呈，所以总是被忽略。

而纳瓦沙湖，作为东非大裂谷中唯一的淡水湖，便是我们最好的歇脚地。

纳瓦沙湖是全球知名的观鸟胜地。

许多欧美人和日韩人，捧着一本比英语辞典还要厚的观鸟手册，拿着“长枪短炮”在此寻找珍稀鸟类的踪迹。

据说这些拍鸟爱好者中间，流行一种比较孩子气的游戏：每拍到一种鸟就打一个勾，全程拍下来，最后比比看谁拍到的鸟的种类最多。

这样的旅行，你确定不来吗？

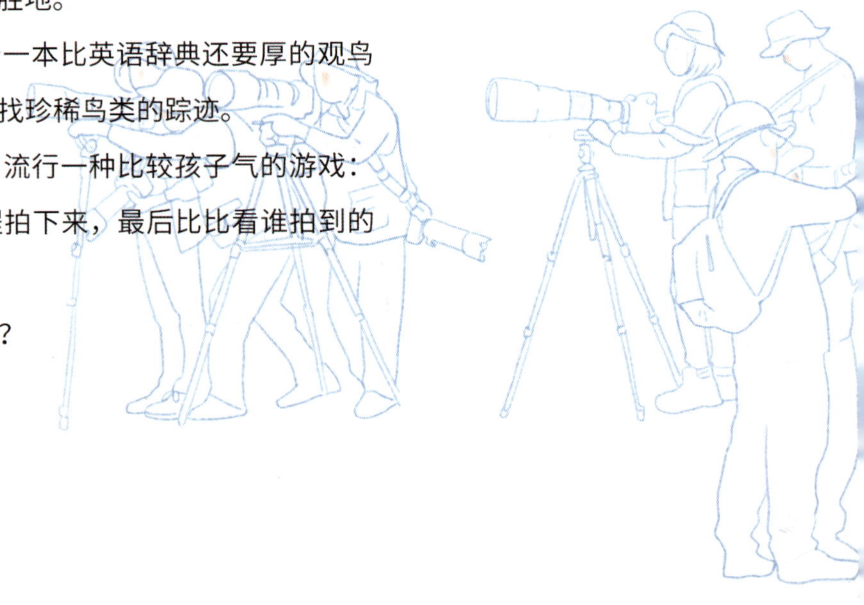

而带着孩子的我们，则选择了泛舟湖上。

湖里竟然还有河马。

河马，河马，河马！重要的事情说三遍！因为听到了太多河马伤人的故事，总觉得有些不安。

在看到河马这个大家伙的时候，我下意识地抱紧了女儿，幸好，只是虚惊一场。

给我们开船的黑老哥也是一个很有意思的人。

大概是因为来这旅游的中国人太多了，他学了不少中文词汇，但也仅限于词汇，他会指着动物跟我们说“鸬鹚”“斑马”这些动物名，说完了还要自己加一句：“听懂了吗？”坐船这一路，听了他说了好几百次“听懂了吗？”真是让人哭笑不得。

树冠上栖息着各种鸟类，开船的小哥一直在挥舞着手中一条不知道已经呜呼了多久的臭鱼，想吸引鹈鹕飞向小船，好让我们能够拍到大鸟捕鱼的瞬间——对天发誓，这绝对不是我教的。

不过，后来还真的被他召唤到了这样的一幕。

湖天一色之间，海鸥掠过。远处的群山倒影在微蓝的湖水上，闪着莫名的光。

这场景，与我一贯印象中的非洲简直大相径庭了。谁又能想到，在以炎热和干旱著称的非洲，我穿着厚外套，坐在船上瑟瑟发抖。

有许多的真相，如果你没有能够走进其中，是完全不可知的。而真实的非洲，竟是这般的美丽与富饶！

# Chapter 12 泛舟湖上的尾声

孩子，汽车就要发动，我们就要返程。我们一起，走过了那片神秘的草原，打开了一扇未知的大门。而我们所窥视到的，不过是这片神奇大陆上的一小角。

世界很大，未来还很长，我们还将会一起旅行，去探索更多的未知！

正如我不知道应该如何开始给你讲这个关于大草原的故事一样，如今我也实在不知道该如何去结束它。因为关于非洲大草原的故事，永远讲不完。

如今，非洲大草原已经变成了一种魔咒，从我孩时的梦想变成了一种永不停歇的吸引力。

# 玩转肯尼亚攻略

# 气候

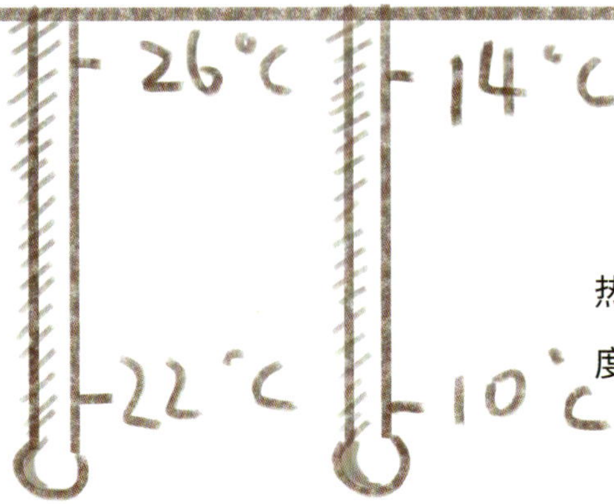


位于赤道上的肯尼亚很凉快！

肯尼亚位于热带季风区，沿海地区湿热、高原气候温和，全年最高气温为26摄氏度，最低气温10摄氏度。

所以，去非洲避暑这件事情，是真的！

但值得注意的是，虽然气温不会太高，但因位于赤道上，肯尼亚紫外线很强，因此遮阳帽、防晒霜、太阳镜必不可少。

另外，肯尼亚昼夜温差较大，请注意防寒保暖，以免感冒。一件较厚的衣服，如夹克衫等，有助于抵御高原上早晚时分的低气温。在野生动物保护区内请穿轻便装束，不宜穿短裤、无袖上衣或较深色的衣服，以防蚊虫叮咬或晒伤。

# 网络

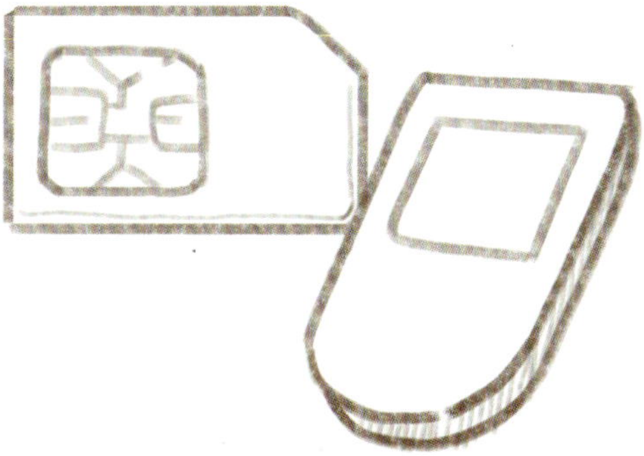

可以在下飞机以后在机场购买当地电话卡上网，也可以在国内租用漫游宝（一天约40元人民币），当然，中国移动也有国际漫游的套餐可以选用。

但是，在很多国家公园内，几乎连电话信号都没有，所以想要即时上网分享你的图片和视频就不太现实了。

# 货币

肯尼亚法定通用货币是肯尼亚先令（Kenya Shilling）。美元与肯尼亚先令的汇率大致在1美元≈100肯尼亚先令（以当地当日汇率为准）。

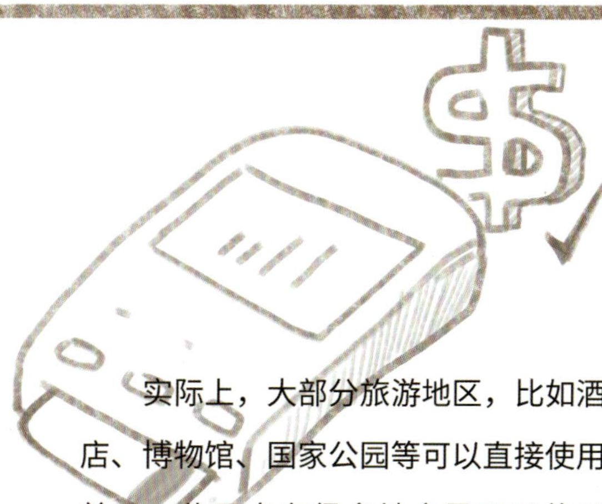

实际上，大部分旅游地区，比如酒店、博物馆、国家公园等可以直接使用美元。信用卡在很多地方是可以使用的，但是能否成功使用取决于当地的网络情况。

# 电压

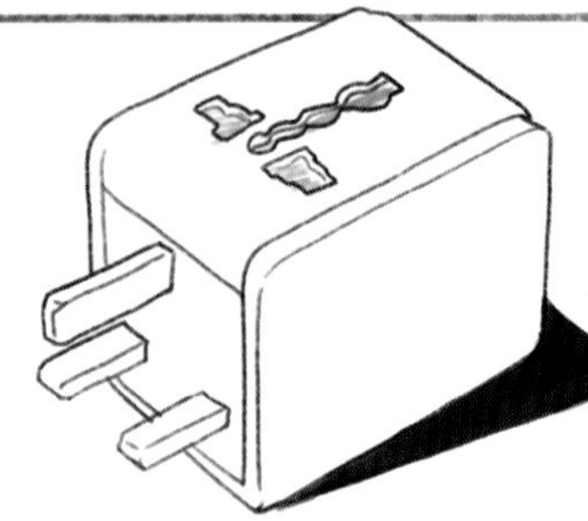

肯尼亚电压为220~240伏，50~60赫兹；电源插座为英式标准三相方头。

需要自带英式转换插头！

# 酒店设施

肯尼亚的酒店房间里一般配有电热水壶，喜欢喝开水和茶的朋友不需要自带电热水壶。

自来水不能直接饮用，必须烧开后才能饮用。

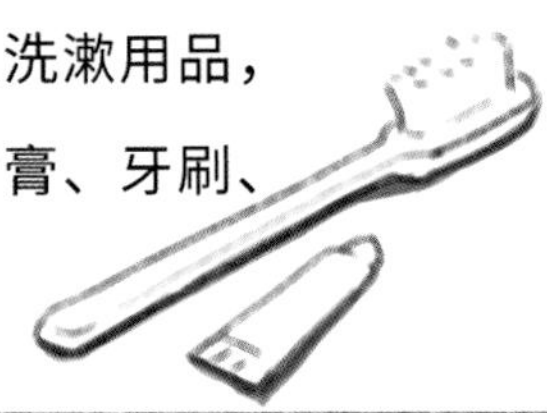

大多数酒店出于环保原因，不提供个人洗漱用品，务必自行携带牙膏、牙刷、拖鞋等物品。

肯尼亚绝大多数酒店都配有游泳池，行程不紧张的游客可以带上泳衣。（但是大部分酒店游泳池都没有救生员）

不管水色如何诱人，千万不要在未经处理过的自然水中游泳，其中可能会有吸血虫，有些水域也有可能会有鳄鱼。

为了最大程度地保持各动物保护区内的原始生态，保护区内的酒店大多使用自备的发电机发电，使用从别处运输而来的水，有些酒店还有规定晚上停水、停电的时间（一般为晚上11点左右），且没有电话及电视机等多余电器设备。

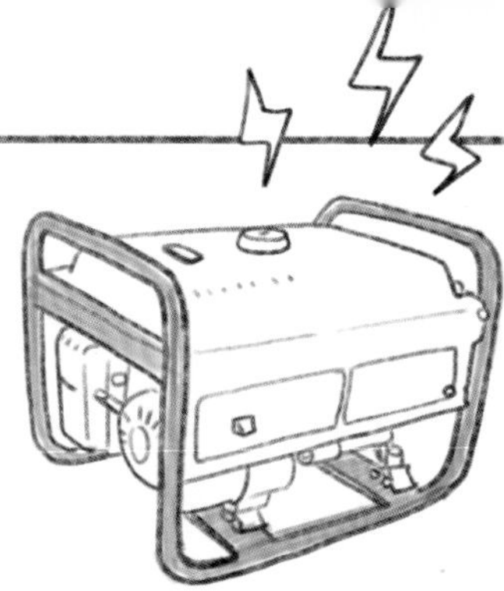

在肯尼亚，酒店或餐厅内的自助餐一般不包含饮用水、酒水、饮料等，如需饮用请直接购买。但大多数景区的酒店有为游客免费提供红茶和咖啡。

# 摄影

去肯尼亚想要拍动物，长焦镜头是必须的。在城市与国家公园内不允许无人机航拍，以避免惊扰动物。

记得带上望远镜，否则你可能会非常后悔。

不要随便给当地人拍照，很多肯尼亚人仍旧笃信相机会带走灵魂的说法，所以拍照之前请征得他人同意，当你照好以后，有的人会向你要钱，给他一点点钱就可以了，以避免招惹麻烦。

# 签证

目前肯尼亚对中国实行电子签证，所有资料可网络上传办理，非常方便且高效。

需要准备以下资料。

1.签证资料申请表格

2.护照首页高清扫描件，请保证图片分辨率为300dpi或者2~4兆（不可拍照、截图、两本合并一起扫描等）

3.护照有效期在半年以上，且有三页空白页

4.蓝底或白底2寸证件照电子版（不可自拍，照片分辨率要在300dpi以上，大小建议在2兆以上）

签证最好打印出来，随身携带。入境时除了护照与签证之外，还需要出示“小黄本”。中国游客来肯尼亚之前需提前15天到当地卫生防疫部门注射黄热病疫苗，领取“小黄本”，这样既有助于保障您的健康，又可避免出入海关时不必要的麻烦。

# 小费

肯尼亚曾为英属殖民地，许多习惯同西方国家的一样，比如给小费。旅行期间，需要支付一定的小费给每天为您服务的司机、领队和向导，每人每天10美元（约合人民币70元）；为您服务的酒店行李员、餐厅服务生等，也可以给一些肯尼亚先令，这也不失为一种好的习惯。

# 带孩子出行必备总结：

1.护照（签证）、机票、“小黄本”，都要带在身上。

2.如果你比较讨厌吸入大量灰尘，记得带上魔术巾，这会是坐越野车驰骋草原时不错的选择。

3.带几瓶风油精肯定有好处。（换不来好东西，但是可以作为礼物赠送给当地人）

4.事前把电影《狮子王》《走出非洲》或小说《乞力马扎罗的雪》看一遍。

5.带上英制的转换插头。

6.早晚很冷，要穿厚衣服（带薄羽绒服都不为过）；中午很热，要穿短袖。

7.带感冒药、咽喉药、胃肠药。

8.每个大型的野生动物保护区都很不错，很好玩，记得带上一个高倍望远镜，这样你会比别人看到更多更远的东西。相机要有长焦镜头，推荐焦距200以上的镜头。保护区内不准航拍。

9.带一点小零食打发在车上的无聊时光。

肯尼亚是一个很好的地方，它狂野，它残忍，它生机勃勃。绝处逢生的喜悦，长途迁徙的感动，最纯粹的、最真实的最原始的世界，肯尼亚都可以给你。

其实游记或者攻略，都只是一份参考，尽管你跟着我的脚步在书中体验了这一趟肯尼亚之旅，但是如果你亲自出发，肯尼亚带给你的，肯定和我给你的有差别。

因为在旅途里，最特别的，就是不可控的因素呀！

你可能会被长颈鹿亲吻，你可能与狮子擦肩而过，你可能与猎豹赛跑。

谁知道呢？